F G S V 지음 이 선 하 옮김

청문각

머리말

1994년 서울~대전 간 FTMS 사업으로 시작된 ITS가 2002 월드컵 이후 국내에 본격적으로 확충된 지 20여 년이 지났다. 외형적인 측면에서 교통정보센터를 중심으로 교통검지기, VMS, BIS 등 하드웨어 중심으로 구축이 되었고 일부 시스템은 해외 수출도 모색하는 등 많은 성장을 이룩하였다. 그럼에도 불구하고 최근 들어 민간 부문 교통기업에 비하여 제공 정보의 부정확 등 국민 입장에서 투입된 예산에 비하여 효율성이 미진하다는 지적을 받고 있다. 이는 기 구축된 하드웨어에 비하여 운영 알고리즘이 제대로 개발, 적용되지 않고 있는 것이 큰 원인으로 작용하고 있다. 교통제어를 위하여는 교통정보 수집, 정보 처리, 돌발감지, 정체예측, 대응방안 수립과 운영 메시지 표출 등 다양한 차원에서의 알고리즘이 필요하나 아직까지 국내에는 해외의 단편적인 알고리즘 도입 이외에 체계적으로 종합적인 교통 관련 알고리즘을 설명한 전문서적이 부족한 실정이다.

교통제어론은 실제 독일을 비롯한 유럽에서 활용 중에 있는 교통제어 절차를 설명하고, 교통정보 수집 / 처리 / 제공과 관련된 각 단계별 교통알고리즘에 대한 원리와 적용사례 등을 제시하고 있으며, 이들은 고속도로의 연속류는 물론 도시부 교통관리에 있어서도 많은 시사점을 제공하게 된다.

교통제어론의 구성은 연속류 도로의 교통축, 교차로와 교통망 차원의 "교통관제시설"의 제어개념을 제시한 후, 교통관제시설 운영을 위한 데이터 처리, 융합 및 관제시스템에서 준수해야 할 기능적, 운영적 방안을 설명하고 교통관제시설의 절차에 대하여 설명한다.

먼저 2장은 교통관제시설의 기본지표인 교통과 환경데이터에 대한 내용을 검토한다. 이어 3장에서 제어개념을 설명한 후, 4장에서 지표 검토를 통한 교통상황분석기법, 결과와 실제 적용사례와 이로부터의 시사점을 설명한다. 5장에서는 시공간적으로 중첩되는 상황분석 절차에 대한 방법을 설명한다. 6장은 제어지표와 관련된 교통제어 방안과 이에 따른 결과 및 실제 적용 시의 사례와 적용범위를 설명한다. 7장에서 시공간적으로 중첩된 대책 평가에 대한 내용을 설명한 후 8장에서 제어명령에 대한 내용이 포함된다. 마지막 9장은 개별 제어단계 측면에서 교통관제시설의 품질평가에 대한 내용이 설명된다.

머리말

교통제어론은 교통공학을 전공하는 학부 3, 4학년 및 대학원생을 대상으로 교재로 활용이 가능하며, ITS 부문 업무를 담당하는 산업체와 공단 및 연구소의 전문인력을 대상으로 하고 있다.

마지막으로 한독 국제 교류차원에서 이 책이 번역되어 출판될 수 있도록 허가해 주신 독일도로교통연구원(FGSV: Die Forschungsgesellschaft für Strassen und Verkehrswesen)의 Dr.-Ing. Rohleder 원장님과 FGSV 출판사의 Hoeller 사장님께 감사의 말씀을 드린다.

2015.11

이선하

차례

차례

차례

차례

Chapter 09 품질관리

제 01 장 서론

본 학술자료는 "교통관제시설"의 제어개념에 대한 해설로서, 데이터 처리, 융합에 대한 내용을 다루며, 관제시스템에서 준수해야 할 법적, 기능적 그리고 운영적 방안을 설명하고 교통관제시설의 절차에 대하여 설명한다. 교통축 관제시스템, 교차로 관제시스템과 교통망 관제시스템 등에 대한 내용이 설명된다. 본 자료는 다음과 같이 구성되었다.

- 2장은 교통관제시설의 기본지표인 교통과 환경데이터에 대한 내용을 검토한다.
- 3장은 제어개념을 설명한다.
- 4장은 지표 검토를 통한 현황분석 기법, 결과와 실제 적용 사례와 이로부터의 시사점을 설명한다. 본 해설은 이용자에게 적용 가능한 절차와 이들의 평가에 대한 종합적인 검토 내용을 알려주고, 이해하기 쉽게 필요한 정보를 알려주며, 동시에 시스템 구축에 따른 부담과 편익 등을 평가토록 한다.
- 5장은 시공간적으로 중첩되는 현황분석 절차에 대한 방법을 설명한다. 이러한 시공간적인 조합은 초기 단계에서 제어결정에 따른 상충을 평가하고 목표지향적인 방안을 찾는 데 중요하다.
- 6장은 제어지표와 관련된 교통제어 방안과 이에 따른 결과 및 실제 적용 사례와 적용범위를 설명한다.
- 7장은 시공간적으로 중첩된 대책 평가에 대한 내용이 포함된다.
- 8장은 제어명령에 대한 내용이 포함된다.
- 9장은 개별 제어단계 측면에서 교통관제시설의 품질평가에 대한 내용이 설명된다.

본 자료는 교통제어 분야 관리기관을 비롯하여 연구와 산업체도 활용 가능하다.

제 02 장 교통 · 환경 데이터 처리와 융합

2.1. 교통데이터

2.1.1. 개요

효율적이며 목표지향적으로 유효한 교통관제시설은 현재와 장래 교통상황에 대한 완벽한 이해를 전제로 하고 있다. 시공간적으로 빈틈없는 자동화된 교통정보 수집이 필요하나 기술적, 경제적인 이유로 가능하지 않을 경우가 있다. 따라서 다양한 수집원으로부터의 정보들이 상호 연계되어 교통상황을 파악하는 데 활용되어야 한다. 데이터 융합은 먼저 확보된 교통데이터가 실제성, 확보성과 정확성 측면에서 검증이 되고 난 이후에 수행한다.

다음에 서술되는 내용은 교통관제의 교통데이터 처리와 융합에 대한 상대적으로 최근의 주제에 대한 것이다. 상세한 내용은 "교통기술적 이용에 있어서 데이터 보완과 처리지침(Hinweise zur Datenvervollstaendigung und Datemaufbereitung in Verkehrstechnischen Anwendungen [FGSV, 382])을 참고로 한다.

그림 2-1에 표시된 데이터처리와 데이터 융합위계는 4단계로 구성된다.

교통데이터 분석에 대한 검지기 측면의 원리를 배제하면 다음과 같은 다양한 원시자료로 분류된다.

- 지점 데이터,
- 구간 데이터,
- 차량 데이터(FCD),
- 신고 데이터,

- 주차 데이터,
- 과거 데이터

측정에 있어서 항상 적정하게 확인되고 필요할 경우 필터링이 되어야 하는 오류와 왜곡에 대한 가능성을 염두에 두어야 한다. 이 과정을 거친 데이터들은 분석하고자 하는 상황

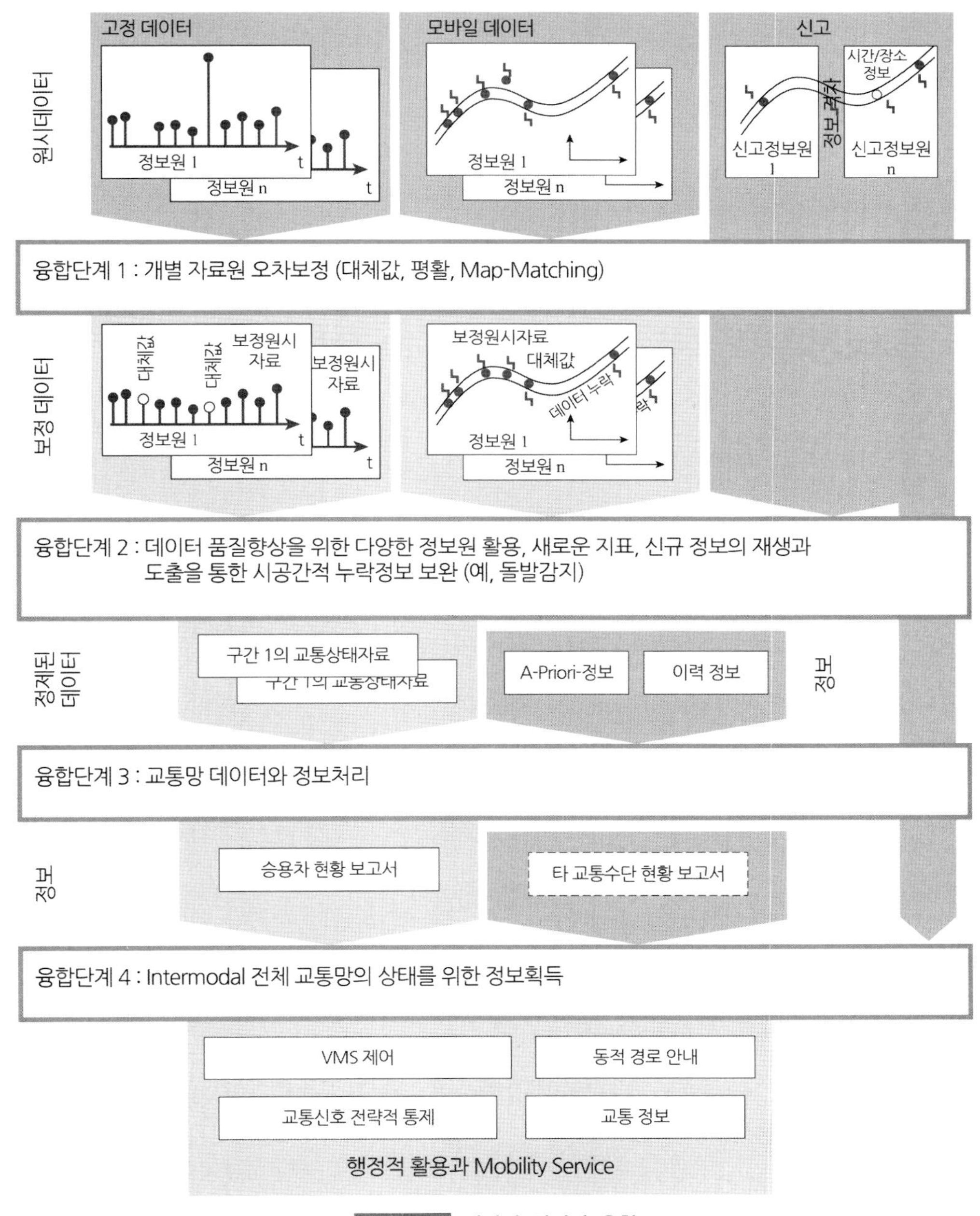

그림 2-1 데이터 처리와 융합

과 지표들에 대한 추정과 예측에 활용된다. 따라서 첫 번째 데이터 융합 단계의 결과는 수정된 데이터이다.

융합단계 1의 방법은 예를 들어 MARZ(5.3)또는 VKDiff(5.4)에 따른 교통상황과 정체확인과 같은 상황분석과 평가를 위한 일반적으로 5, 6장에 설명된 현황분석과 평가기법에 포함되었다. 1단계에 포함되지 않는 내용은 수동으로 접수된 데이터로서 이들은 데이터 흐름으로서가 아니라 간헐적으로 하나의 또는 유사한 수집원으로부터 발생한다.

융합단계 2의 데이터 처리는 시공간적인 정보 누락을 보완하거나 수집된 지점의 교통지표 불명확성을 구간에 따른 다수의 독립적으로 수집된 교통정보를 융합하여 교통지표의 품질과 신뢰성을 높이는 것이다. 이를 통하여 구간 단위의 교통밀도 분포와 통행시간 등의 지표가 추정된다. 또한 구간장애에 대한 보다 신뢰성 있고 신속한 정보를 파악할 수 있다. 융합단계 2의 기법에는 ASDA/FOTO가 해당된다(5.20).

3단계에는 교통망 차원의 데이터 융합을 위한 절차와 기법들이 해당된다. 수집된 데이터는 교통모델을 활용하여 처리되어 교통망 상의 경로 또는 교차로의 회전교통량이 추정된다.

융합단계 3의 기법으로는 Polydrom (5.27) 또는 MONET/VISUM-online 등이 해당된다 (5.24).

2.1.2. 교통기술적 지표 정의

기법의 설명에 있어서 교통기술적 지표에 대하여 다음과 같은 통일된 약자들이 활용된다. 이는[AfoBLAK[1]]에 따른 것이다. 설명된 지표들에 대한 정확한 산출기법과 정의들 역시 [AfoBLAK]에 제시되었다. 지표들의 표현에는 다음과 같은 명칭들이 활용된다:

[z|Z][Class][G|P][Additional]

이때,

z 차로별 측정치(예를 들어 v, q, k 등)

Z 방향별 측정치(예를 들어 V, Q, K 등)

Class 측정값은 특정한 Class에 기준한다(예를 들어 승용차, 화물차)

G 평활화 값

P 예측값(평활화되고 추세에 따라 외삭)

Additional [Flink|Normal|Lazy]: 평활화나 예측에 있어서 특별한 변수들이 활용된다. 추가가 없을 경우 일반-변수가 적용된다.

1) Anwenderforderungen zum VRZ-Basissystem gemäß BLAK-VRZ

2.1.3. 적용 지표

i 방향별 순서(상류부로)

j 차로(우측에서 1번부터 시작)

k 단면

t 시점

T 주기

2.1.4. 차로별 수치

표 2-1 차로별 분석값

지 표	단 위	설 명	참 고
q차량	대/시	차량-수	[AfoBLAK], [TLS]
q화물차	대/시	화물차-수	[AfoBLAK], [TLS]
q승용차	대/시	승용차-수	[AfoBLAK], [TLS]
v차량	km/h	차량평균속도	[AfoBLAK], [TLS]
v화물차	km/h	화물차평균속도	[AfoBLAK], [TLS]
v승용차	km/h	승용차평균속도	[AfoBLAK], [TLS]
a화물차	%	화물차-비율	[AfoBLAK], [TLS]
k차량	대/km	차량-밀도	[AfoBLAK], [TLS]
k화물차	대/km	화물차-밀도	[AfoBLAK], [TLS]
k승용차	대/km	승용차-밀도	[AfoBLAK], [TLS]
q설계	PCU/h	설계교통량	[AfoBLAK], [TLS]
k설계	PCU/km	설계밀도	[AfoBLAK], [TLS]
O	%	점유율	[AfoBLAK], [TLS]
S	km/h	표준편차	[AfoBLAK], [TLS]
v차량평활화	km/h	평균평활화속도	[AfoBLAK], [TLS]

표 2-2 차로별 예측값

차로별 분석값	차로별 예측값 (분석값으로부터 산출)		
	ZPFlink	ZPNormal	ZPLazy
q차량	q차량예측Flink	q차량예측Normal	q차량예측Lazy
q화물차	q화물차예측Flink	q화물차예측Normal	q화물차예측Lazy
q승용차	q승용차예측Flink	q승용차예측Normal	q승용차예측Lazy
v차량	v차량예측Flink	v차량예측Normal	v차량예측Lazy
v화물차	v화물차예측Flink	v화물차예측Normal	v화물차예측Lazy
v승용차	v승용차예측Flink	v승용차예측Normal	v승용차예측Lazy
a화물차	a화물차예측Flink	a화물차예측Normal	a화물차예측Lazy
k차량	k차량예측Flink	k차량예측Normal	k차량예측Lazy
k화물차	k화물차예측Flink	k화물차예측Normal	k화물차예측Lazy
k승용차	k승용차예측Flink	k승용차예측Normal	k승용차예측Lazy
q설계	q설계예측Flink	q설계예측Normal	q설계예측Lazy
k설계	k설계예측Flink	k설계예측Normal	k설계예측Lazy

2.1.5. 방향별 분석값(측정단면)

표 2-3 방향별 분석값

지 표	단 위	설 명	참 고
Q차량	대/시	차량 - 수	[AfoBLAK], [TLS]
Q화물차	대/시	화물차 - 수	[AfoBLAK], [TLS]
Q승용차	대/시	승용차 - 수	[AfoBLAK], [TLS]
V차량	km/시	차량 평균속도	[AfoBLAK], [TLS]
V화물차	km/시	화물차 평균속도	[AfoBLAK], [TLS]
V승용차	km/시	승용차 평균속도	[AfoBLAK], [TLS]
A화물차	%	화물차 - 비율	[AfoBLAK], [TLS]
K차량	대/km	차량 - 밀도	[AfoBLAK], [TLS]
K화물차	대/km	화물차 - 밀도	[AfoBLAK], [TLS]
K승용차	대/km	승용차 - 밀도	[AfoBLAK], [TLS]
Q설계	PCU/시	설계 교통량	[AfoBLAK], [TLS]
K설계	PCU/km	설계 밀도	[AfoBLAK], [TLS]
O	%	측정단면 평균 점유율	[AfoBLAK], [TLS]
OMax	%	측정단면 점유율 최대	[AfoBLAK], [TLS]
S차량	km/시	표준편차	[AfoBLAK], [TLS]

표 2-4 방향별 예측값

측정단면별 분석값	측정단면별 예측값 (분석값으로부터 산출)		
	ZPFlink	ZPNormal	ZPLazy
Q차량	Q차량예측Flink	Q차량예측Normal	Q차량예측Lazy
Q화물차	Q화물차예측Flink	Q화물차예측Normal	Q화물차예측Lazy
Q승용차	Q승용차예측Flink	Q승용차예측Normal	Q승용차예측Lazy
V차량	V차량예측Flink	V차량예측Normal	V차량예측Lazy
V화물차	V화물차예측Flink	V화물차예측Normal	V화물차예측Lazy
V승용차	V승용차예측Flink	V승용차예측Normal	V승용차예측Lazy
A화물차	A화물차예측Flink	A화물차예측Normal	A화물차예측Lazy
K차량	K차량예측Flink	K차량예측Normal	K차량예측Lazy
K화물차	K화물차예측Flink	K화물차예측Normal	K화물차예측Lazy
K승용차	K승용차예측Flink	K승용차예측Normal	K승용차예측Lazy
Q설계	Q설계예측Flink	Q설계예측Normal	Q설계예측Lazy
K설계	K설계예측Flink	K설계예측Normal	K설계예측Lazy

연결부 가상 측정단면

연결부의 진출입 램프에서 측정기술 적용이 가능하면 직접적인 수집 측정단면에 추가하여 가상적인 측정단면이 구성될 수 있다. 3개의 가능한 측정단면 위치(전, 중앙, 후)로부터 일반적으로 하나의 위치만 직접적으로 수집된다. 직접적인 수집 장치가 없는 단면에서는 연결부에서 실제 확보된 측정단면으로부터 측정값이 유추되는 가상 측정단면이 구성된다. 자세한 내용은 [AfoBLAK]의 6.6.2.6.3의 "연결부 가상 측정단면"에 설명된다.

2.2. 환경데이터

설명된 기법과 관련 있는 지표들에 대한 내용만 다루어진다. 환경데이터는 분석이나 예측계산이 이루어지지 않으며 단순한 타당성 여부와 평활화만 이루어진다. 세부사항은 "교통축 교통관제시스템의 환경데이터 수집과 활용(Hinweisen zur Erfassung und Nutzung von Umfelddaten in Streckenbeeinflussungsanlagen[FGSV, 306]") 부분을 참고한다.

표 2-5 제어관점에서의 환경데이터 지표

지 표	단 위	설 명	참 고
WR	Grade	풍향	[AfoBLAK], [TLS]
WGM	m/s	풍속(평균)	[AfoBLAK], [TLS]
WGS	m/s	풍속(최고)	[AfoBLAK], [TLS]
NI	mm/h	강우강도	[AfoBLAK], [TLS]
WFD	mm	수막두께	[AfoBLAK], [TLS]
SW	m	가시거리	[AfoBLAK], [TLS]
NI-수준	-(5 수준)	강우강도 수준	[FGSV, 2010]
WFD-수준	-(4 수준)	수막두께 수준	[FGSV, 2010]
습윤수준	-(5 수준)	NI와 WFD로부터 산출	[FGSV, 2010]
SW-수준	-(6 수준)	가시거리 수준	[FGSV, 2010]

제03장 제어개념

3.1. 제어구축과 목적

제어모델의 절차는 다음에 의하여 결정된다.

- 현재 또는 예측된 교통상황에 따라
- 정의된 목적이나 목적함수의 충족을 고려하여
- 교통시스템에 영향을 미치는 적합한 제어변수에 따라

그림 3-1는 교통관제시설의 제어를 위한 절차의 기본구성을 설명하고 있다. 그림 3-2는 제어결정을 위한 절차의 새로운 구성에 대한 추천 사례로 볼 수 있다. 현재 적용되고 있는 제어모델은 MARZ에 대한 내용이다. 모든 단계별 현황분석 절차로부터 직접적인 대응방안이 도출되며 이는 제어명령 산출단계를 거쳐 모순 없는 제어명령으로 전환된다. 먼저 4장에서 현장에서 검증, 적용되고 있는 현황분석 절차들이 설명된다. 관측치에 기초하고 변수에 의하여 통제가 가능한 시공간적 관점에서 교통과 관련된 상황을 일반화하는 기법들이 설명된다. 사례에는 교통상황 검지와 결빙검지는 물론 시공간적 상황 분석을 위한 다양한 절차들이 제시되었다.

4장에서 설명된 기법들로 파악된 개별 교통상황들은 교통망 전체에 대하여 오류 없는 현황 파악에 대한 목적을 갖고 5장에 설명된 기법들과 비교된다. 예를 들어, 교통 세부 현상들은 종합적 상황으로 파악된다. 습윤 검지는 또 다른 상황을 초래한다. 추가적으로 운영자를 통하여 시공간적 현상을 갖는 하루 단위의 공사상황이 수동 입력을 통하여 다음 상황으로 전환될 수도 있다.

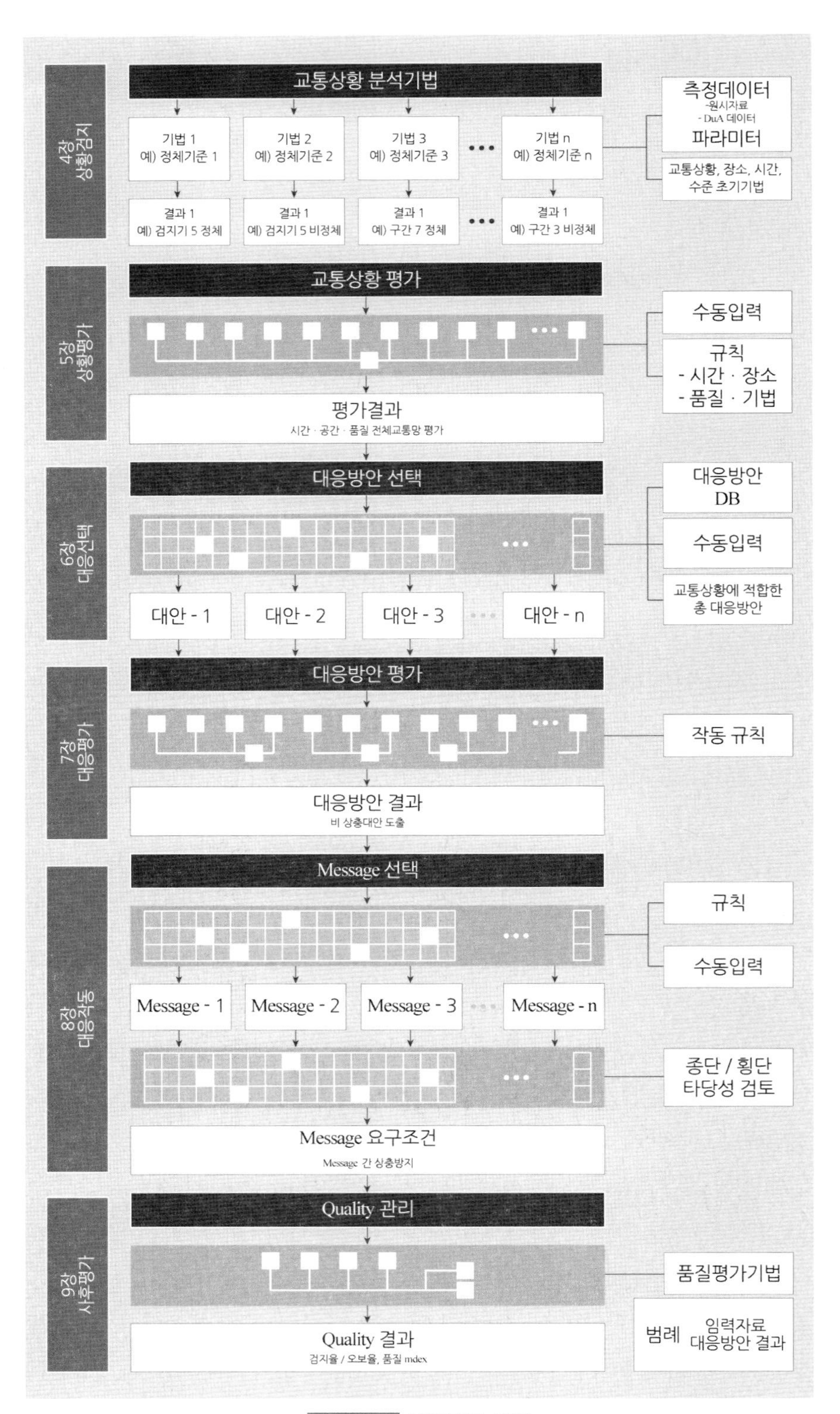

4장 상황감지
교통상황 분석기법
기법 1 예) 정체기준 1
기법 2 예) 정체기준 2
기법 3 예) 정체기준 3
기법 n 예) 정체기준 n
결과 1 예) 검지기 5 정체
결과 1 예) 검지기 5 비정체
결과 1 예) 구간 7 정체
결과 1 예) 구간 3 비정체
측정데이터
-원시자료
- DuA 데이터
파라미터
교통상황, 장소, 시간, 수준 초기기법
5장 상황평가
교통상황 평가
평가결과
시간 · 공간 · 품질 전체교통망 평가
수동입력
규칙
- 시간 · 장소
- 품질 · 기법
6장 대응선택
대응방안 선택
대안 - 1
대안 - 2
대안 - 3
대안 - n
대응방안 DB
수동입력
교통상황에 적합한 총 대응방안
7장 대응평가
대응방안 평가
대응방안 결과
비 상충대안 도출
작동 규칙
8장 대응작동
Message 선택
Message - 1
Message - 2
Message - 3
Message - n
Message 요구조건
Message 간 상충방지
규칙
수동입력
종단 / 횡단 타당성 검토
9장 사후평가
Quality 관리
Quality 결과
검지율 / 오보율, 품질 index
품질평가기법
범례
임력자료
대응방안 결과

그림 3-1 제어결정 절차

상황에 대한 시공간적으로 완벽한 이해는 상황에 대응하는 대응방안 산출의 근거가 된다. 대응방안 선택에 있어서 우선 대책 DB로부터 현재 상황에 해당하는 모든 대응방안들이 선택된다. 교통 여건에 기초하여 교통축 관제시스템의 정체경고나 우회경로 안내가 대책으로 요청되거나 이외에 습윤 상황으로부터 미끄럼 경고가 요구되기도 한다. 선택된 대책은 수동적인 조치로서 확대될 수 있다. 공사로 인한 도로공간 확보를 위하여 차로가 폐쇄되거나 또는 상황평가로 전달되거나 운영자를 통하여 직접적인 대책으로 입력될 수 있다.

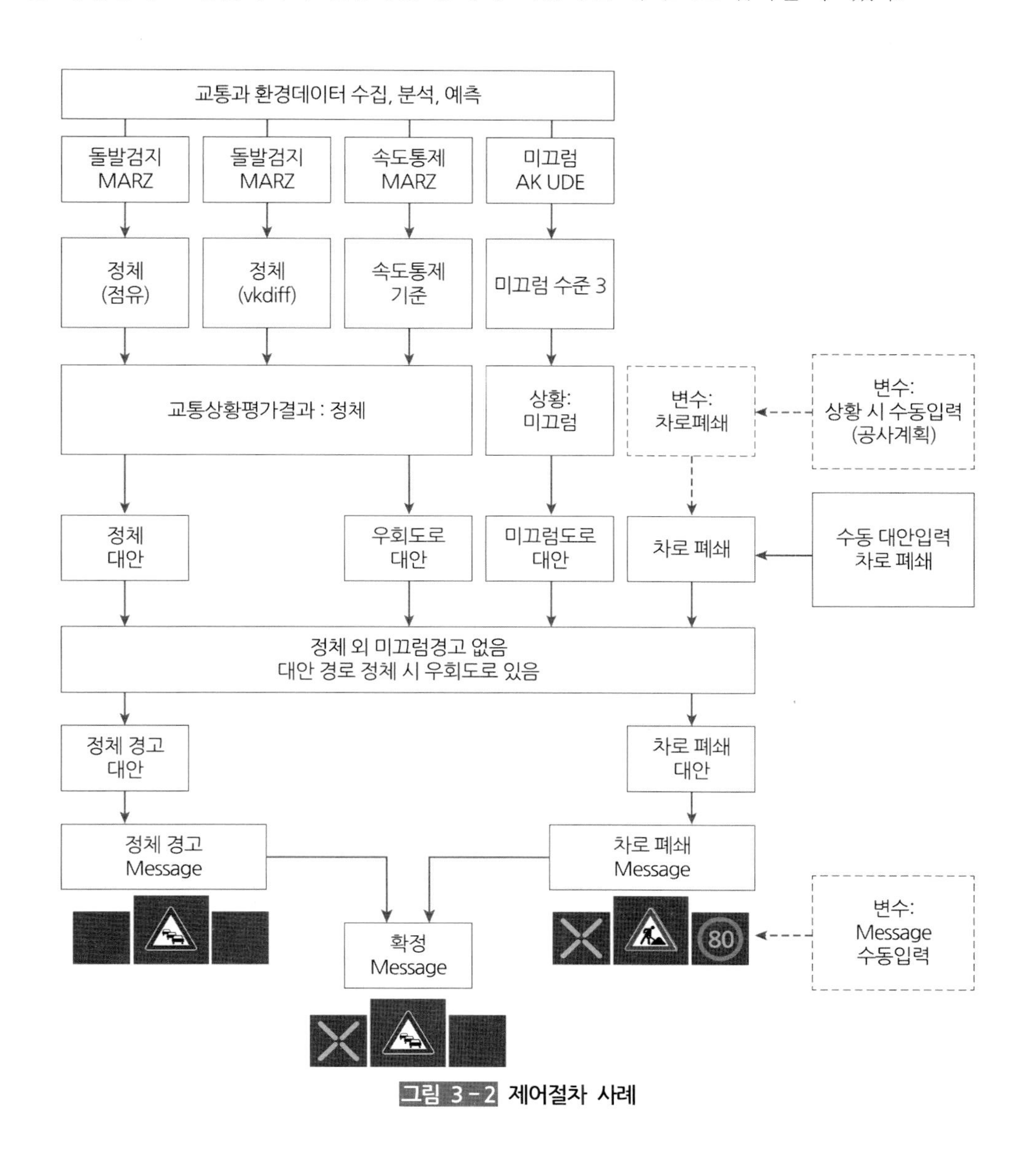

그림 3-2 제어절차 사례

7장에서는 선택된 대책들의 상호 비교를 위한 절차들이 설명된다. 여기에는 대책들이 공간적으로 중첩되거나 상호 상충이 되는지를 검증한다. 대책평가의 결과는 상충이 없는 대책들의 종합이다. 예를 들어, 우회경로 안내는 대체경로에도 동일한 정체가 발생하였을 경우 표시정보로는 연결되지 않는다. 미끄럼 경고는 정체경고가 우선순위가 높으므로 작동하지 않는다.

표시정보 선정에는 (8장) 해당되는 대책별 메세지들이 제시된다. 표시정보들이 상호 상충하지 않도록 다양한 비교기법들이 설명된다. 제어시설의 모든 표시체에 대하여 표시정보를 통하여 배열상태가 존재한다. 예를 들어, 정체경고와 공사장 처리대책을 위한 표시정보들이 하나의 종합된 표시심볼로 정리되었다. 여기에서 공사장 확보를 위한 요구는 대책평가로 더 진행시키거나 또는 운영자에 의하여 구체적인 표시정의로서 수동적으로 직접 표시될 수 있다.

10장에서는 개별 서브시스템들의 진행이 규정된 품질지표, 목적과 평가주기를 기반으로 감독되고 최적화하려는 목적으로 다양한 제어절차들이 단계별로 다루어진다.

제어절차는 다음과 같은 기본기능들을 포함한다:

- 교통과 환경자료의 수집
- 목적에 따른 주기별 자료 융합
- 논리성 검증
- 논리성 미확보 시 개선 방안
- 추가 지표의 도출
- 현 교통상황 분석
- 교통 장애 확인
- 단기와 중기예측을 통한 교통상황 예측
- 교통제어 개선대책을 위한 지표 설정

3.2. 교통류 영향인자

교통류에 대한 영향요소들은 다음과 같다.

- 시스템 변수
- 장애요소
- 설정지표

시스템 변수는 변하지 않거나 장시간 동안 교통흐름에 대한 영향이 고정적으로 간주되는 주변 조건이다. 실제 운영상황과는 무관하다. 시스템 변수에는 도로기하구조, 도로포장재질, 교통표지판, 교통법규와 차량군의 기술적 수준 등이 해당된다.

예측과 제어모델은 물론 교통류 변수는 앞에서 언급된 시스템 변수의 설정과 큰 상관관계가 있다.

장애요소는 시스템 변수와는 상대적으로 단 시간 내에 사람으로부터 영향을 받지 않는 특성을 갖고 있다.

장애지표로는(운전자 구성, 차량 장애, 교통 장애, 기상 장애와 운영적 장애) 등이 있다.

장애지표 발생에 따른 결과는 개별 차량들의 흐름에 대한 영향(정지, 급정거, 물피 / 인피사고) 또는 전체 교통흐름에 대한 영향으로 이는 경제적인 차원에서의 시간비용과 연료사용에 따른 큰 손실을 의미한다. 또한 추가적인 배출가스로 인한 환경피해도 발생한다.

교통관제시설 차원에서 장애 영향을 최소화하기 위해서는 먼저 측정 가능성과 산출 가능성을 검토해야 한다. 두 가지가 불가능할 경우 교통류 변화의 지표를 통한 간접적인 측정방법과 적절한 제어모델을 통하여 환산하는 방법을 모색한다.

현황분석은 따라서 대부분 확보된 장애지표에 대한 설명이다.

설정지표는 제어기법들이 상황에 적합하게 교통류에 영향을 미치게 하는 도구이다. 이는 7장에 설명된 대책들과 9장에 설명된 이에 해당되는 표시정보들이다. 표시정보를 통하여 마지막 단계에서 조정자(운전자)들에게 영향을 주어 교통류에 대한 장애 요인을 최소화하게 된다.

3.3. 목적함수와 결정 준비

목적함수는 임계값(예를 들어, 차량당 허용 평균손실시간) 또는 상수와 변수로 구성된 수식(예를 들어, 변수: 시간손실과 정지, 상수: 손실시간과 정지 간의 상대적 가중치)의 형태로 목적을 구현하는 전략들을 나타낸다. 예를 들어, 어떤 대응방안이 작동되기 위하여는 임계값을 넘거나 방정식을 최소화하는 값을 위하여 대응방안이 적용된다.

목적함수의 구성은 제어투입의 평가를 위한 기준으로 정의되어 매우 중요하다. 이 기준들은 대응방안에 민감하게 산출되고 설정된 목적에 적합하게 전략들이 설명되어야 한다.

따라서 목적함수는 제어모델 수립의 가정이다. 목적함수로부터 데이터 수집시스템에 대한 요구사항이 도출된다.

다음에는 교통망, 구간과 교차로 제어에 대한 목적함수에 대한 설명이 사례를 들어 설명된다. 적용 사례에 따라 목적함수에 대하여 추가적인 또는 다른 기준들이 더 적절할 수 있다.

교통망 제어에서 목적함수는 시스템 운영의 경제적 총비용을 최소화하는 데 기반한다(시스템 최적화). 이는 교통량을 교통망상에 최적 배분하는 것을 의미한다. 대부분 목적지표로서 운행시간, 안전과 연료소비 등이 해당된다. 목적지표 안전은 일반적으로 정체확률을 통한 추돌위험으로부터 산출된다. 기준이 되는 목적지표들에 대해서는 논란의 여지가 많다. 특히 안전과 환경기준은 사회경제적인 운행시간을 우선으로 하는 운전자들의 개인적 선택에 대한 높은 가중치에 우선한다(또는 차량운행비용).

실제적으로 시스템 최적화는 실용적인 측면에서 “모든 운행시간 합의 감소”의 목적지표를 통하여 산출된다.

다음 사례는 교통량에 비례하는 시간비용함수와 구간별 개별차량 운행시간(속도의 역수)이다.

$$Z_t(t)\chi_t \cdot \int_{교통망} \frac{q(x,\ t)}{v^*(x,\ t)} dx = x_t \cdot \int k^*(x,\ t) dx$$

χ_t 차량과 시간단위당 시간비용

v^* 우회지수로 평가절하된 속도(우회지수 = 1, 우회되지 않는 차량에 대하여)

k^* 우회지수에 의해 보정된 교통밀도

이는 대부분의 시간비용은 현재 교통망 상을 운행하는 차량들을 통하여 산출된다.

시스템 최적화는 다음과 같은 3가지의 전제조건을 만족해야 한다.

- 운영자의 교통망 상 교통상황에 대한 완벽한 정보
- 운영자와 이용자에 대한 통일된 선호도
- 운전자의 이성적인 행태

완벽한 정보와 통일된 선호도에도 불구하고 상황에 따라 우회도로 이용이 유리할 수 있으므로 시스템 최적화는 개별 이용자에게 불편을 초래할 수 있다. 이 단점은 경로선택에 있어서 일방적인 변경을 통하여 (개인적으로) 효과가 발생하지 않는(“Equilibrium Solution”) 이용자 최적화로 방지할 수 있다.

교통축 관제시설의 목적함수에는 편익과 비용이 산출되어 상호 비교된다. 일반적인 목적지표는 교통안전, 운행시간과 환경편익(연료소모, 배기가스, 소음 감소) 등이다.

INCA 기법의 목적함수는 예를 들어 (4.8) 편익과 비용 항목에 정체와 교통류 조화를 고려하며 다음과 같이 구성된다.

- 정체꼬리 경고를 통한 교통안전 편익
- 교통류 조화를 통한 교통안전 편익
- 교통류 조화를 통한 운행시간 편익
- 속도제한을 통한 운행시간 편익

예를 들어, 교차로제어시설에서는 ALINEA 알고리즘에서 입력자료로 사용되는 독일 “도로교통용량 편람(Handbuch für Bememessung der Strassenanlagen)”의 최적 밀도가 최대화되는 목적지표로 포함된다(6.9).

제 04 장 상황분석기법

4.1. 개요

4.1.1. 상황개념 정의

상황분석기법의 산출물은 교통상황이다. 명확한 결과형태의 시간적인 기준을 갖는 단편적이며 공간적 범위에 대한 (교통적 또는 기상적 조건의) 상황을 설명한다.

실질적으로 제시된 기법들은 분명한 목적에 따라 (예를 들어, 교통축 관제시스템 또는 교차로 관제시스템 제어, 교통정보 생성 등) 적용되며 부분적으로 이 목적에 따라 구성된다. 따라서 기법에서 분석된 상황은 대응방안과 직접적으로 연계된다. 연계에 대한 내용은 이 장에서는 의도적으로 배제되고 6장의 대응방안에서 상세히 설명된다.

또한 시간적인 기준은 기법에 따라 차이가 있음을 유의한다. 특정한 기법들은 예측된 데이터 또는 예측 시점에서 생성된 결과형태로 작업이 되며, 현재의 상황에 대한 정보를 바탕으로 진행되는 기법들도 있다.

4.1.2. 교통적 상황도출

교통적 측면의 상황분석은 두 가지 그룹으로 구분된다. 첫 번째 그룹은 횡단면 기준의 기법으로 이들은 지점별 교통지표에 기반하여 개별 단면에서의 교통지표를 분석하고 이들을 상호 연계하여 분석하지는 않는다. 지점별 교통류 분석에서 교통류는 공간적으로 해당 측정단면에 대하여 제한되어 분석된다. 측정단면에서 차량의 지점별 행태가 분석된다. 횡단면 기준 교통류 분석에는 방법론적으로 실질적인 공간적 해당범위가 횡단면을 넘어서

심할 경우 인접한 횡단면에까지 포함되는 세부적인 기법으로 분류된다.

두 번째 그룹은 구간단위 지표에 기초한 기법으로 직접적으로 산출되거나 지점별 측정 지표들을 연계하여 도출된다. 개별 기법들은 구간데이터의 수집 형태에 따라 구분된다.

돌발상황감지는 교통류 분석에서 특별한 과제로 인식된다. 자동돌발감지는 돌발상황 발생 이후에 신속하게 정확한 돌발지점을 파악할 수 있어야 하며, 이때 비용적인 측면도 유의한다.

교통제어는 예측에 있어서 3개의 예측시간 기준으로 구분한다.

- 단기예측(최대 5분까지)
- 중기예측(5분 ~ 12시간)
- 장기예측(12시간 이상)

교통축 관제시설의 제어에서는 단기예측이 적용된다. 바로 다음 1분 후에 대한 예측이며 이전 측정 주기 이후의 관측값의 추세를 고려한다.

교통망관제시설의 제어에서는 중기적 예측이 적용된다. 많은 차량군의 다른 경로로의 우회가 대체경로의 교통상황 추정을 필요로 하기 때문에 예측 기준 시점은 결정 지점에서 우회경로의 목적지까지 간의 거리와 관련이 있다(부록 A.).

장기예측은 자동화된 교통관제시설의 제어에는 적용되지 않는다.

교통상황의 예측은 과포화 현상과 이에 따른 가능한 교통장애를 예측해야 한다. 이를 통하여 적절한 시점에 대응방안이 강구되어 운전자가 상황에 대한 변형된 운전행태나 경로선택을 통하여 사전에 장애에 따른 피해가 경감되도록 한다.

교통상황 분석은 지점별 교통데이터의 타당성 검증을 통한 주기별 데이터를 기반으로 한다. [AfoBLAK]에서는 데이터 인수와 처리에 관한 지침이 제시되었다. 이 데이터로부터 차로별 그리고 방향별 분석과 예측데이터가 산출된다. 실제 데이터/지표와 고정적인 변수(임계값) 간의 비교를 통하여 실제적인 교통상황이 분석된다.

4.1.3. 환경적 상황분석

교통적 상황분석 이외에 환경적 상황분석도 교통제어에 많은 영향을 미친다. 여기에는 기상 상황(습윤, 안개 등)은 물론 대기오염과 소음발생과 같은 환경적인 기법들도 포함된다.

4.2. 상황분석기법 개요

다음에는 상황분석을 위한 다양한 기법들이 소개된다. 상황은 특정 공간과 시간에 대한 특정한 (교통)상황을 의미한다. 상황분석기법별로 다음과 같이 설명된다.

- 기법 요약(상세한 기법 설명과 함께)
- 기법의 입력과 출력지표, 기법의 임계값과 부분적으로 확인을 통한 작동과 종료조건과 변수
- 현재의 적용영역, 실제 경험과 적용을 위한 시사점 등 기법의 경험사례

현황분석을 위한 기법의 결과품질은 측정값인 입력값에 크게 좌우한다. 원시데이터에 대한 관측과 지속적인 일정 수준의 품질확보는 성공적인 현황분석과 제어의 전체적인 품질확보에 중요성을 갖는다.

기법의 변수에 대하여 수치가 적용될 경우 이는 시설의 초기운영에 사용된다. 해당 시설의 운영에 있어서 초기 검증과 변수 조정은 초기운영에 있어서 도움이 된다. 필요한 변수 조정은 이 운영형태에서 수행된다.

정규운영 시 변수에 대한 주기적인 검증이 필요하다. 사전에 수행된 수용성 분석이 효과적인 보조수단으로 활용될 수 있다(부록 MARZ).

기법의 완성도를 위하여 이론적으로만 의미를 갖고 시범운영 형태의 투입에 적당하지 않거나 현장 투입이 적절하지 않는 것으로 판명될 경우 기법의 선택에 있어서 다음과 같은 기준들이 설정된다.

- 기법 설명서에 자체적인 해석의 여지가 있을 경우
- 서브 센터 측면에서 적용이 가능할 경우
- TLS[2)]에 의하여 수집되고 DuA에 따라 처리된 지표나 측정값으로 작업될 경우
- 센터 차원의 투입(중앙교통센터 또는 서브센터)으로 결정될 경우, 현장장비의 지점별 투입에 있어서는 고려되지 않는다.

중앙이나 외부시설로부터의 특별한 인프라가 필요한 기법은 우선적으로 일정 수준의 표준화된 기법으로 이들에 대한 설명이 지침의 범위를 넘어서고 때로는 별도의 사용료가 지불될 수 있으므로 고려되지 않는다.

2) Technische Lieferbedingungen für Streckenstationen(도로시설 기술적 납품조건)

이러한 종류의 기법 이용은 특정 적용에 있어서는 정당하다.

표 4-1에는 여기에 설명된 기법들이 결과형태와 공간적 기준에 따라 제시되었다. 먼저 교통적으로 소규모 상황을 파악하는 기법들이 설명되었다. 다음에는 주변과 환경적 조건의 상황파악 기법들이 설명되었다.

다음에는 통행시간 측정 기법들이 설명되었다. 마지막으로 대규모 교통망 차원의 기법들이 설명되었다.

표 4-1 상황분석기법 결과형태

기 법	해당 부분	결과 형태	지점 기준	구간 기준
MARZ 교통상황과 정체감지	4.3	교통수준 1-5	×	-
AK VRZ VKDIFF	4.4	정체: Yes/No	-	×
MARZ Unstable in Traffic	4.5	Unstable: Yes/No	×	-
Dynamic Fundamental Diagram	4.6	교통수준 1-7	×	×
Kalman-Filter	4.7	정체: Yes/No	-	×
INCA	4.8	교통상황, 작동, 정체 추가정보	×	×
AIDA 자동 교통상태 수준 파악과 돌발감지	4.9	교통량 속도	× ×	- -
Fuzzy에 의한 교통상태	4.10	언어적 교통상태	×	-
높은 화물차-비율	4.11	높은 화물차-비율: Yes/No	×	-
저속 화물차	6.4	화물차-속도	-	×
MARZ 습윤상태	4.12	습윤 수준	×	-
"구간관제시스템 기상데이터 수집과 이용 지침"에 의한 습윤상태	4.13	습윤 수준	×	-
안 개	4.14	가시거리	×	-
소 음	4.15	소음 수준	×	-
배기가스 제어	4.16	승용차 실제-, 예측 배기량	×	-
미세먼지-알고리즘	4.17	승용차 실제와 예측 배기량	×	-
단순 운행시간모델	4.18	운행시간	-	×
Deterministic 정체모델 운행시간	4.19	실제 운행시간, 실제 정체길이, 예측 운행시간, 예측 정체길이		
ASDA-FOTO	4.20	실제와 예측 정체대상 실제와 예측 운행시간	-	×
교통망 예측모델	4.21	실제와 예측 운행시간	-	×
교통분포도 예측	4.22	예측 교통량 예측 속도	×	-

기 법	해당 부분	결과 형태	지점 기준	구간 기준
정체파급 예측	4.23	예측 병목구간 용량 예측 정체길이 예측 정체기간 예측 정체 내 손실시간 예측 정체 내 속도	× × × ×	– × –
MONET VISUM-online	4.24	실제와 예측 교통여건	–	×
Koeln-Koblenz-알고리즘	4.25	실제와 예측 교통여건, 정체길이, 운행시간	–	×
단순 교통망 모델	4.26	교통상태, 정체길이, 운행시간	–	×
Polydrom	4.27	실제와 예측 LOS [도로용량편람] 실제와 예측 교통데이터 (Q, v, D) 실제와 예측 운행시간 실제와 예측 정체길이 실제와 예측 정체손실시간	– × – × ×	× – × – –
교차로 교통여건	6.9 6.10	허용 진입교통률 q진입, 허용 [대/시]	×	–

4.3. MARZ 기반 교통상황과 정체감지

4.3.1. 기법 설명

MARZ는 방향별 예측 데이터에 기초하여 4단계의 교통수준을 산출한다.

- Z1 : 자유 교통류
- Z2 : 제한 교통류
- Z3 : 억제 교통류
- Z4 : 정체

MARZ에 의한 교통상황과 정체감지는 4.5에 상세히 설명되었다.

4.3.2. 지표

4.3.2.1. 속도 조화

입력지표와 출력지표

- 입력지표: 방향별 예측 데이터 Q설계.예측, V차량.예측, K설계.예측
- 출력지표: 5 수준의 교통상황 결과

작동-과 종료조건

- 작동기준: Q설계.예측 또는 (V차량.예측과 K설계.예측)

표 4-2 조화 교통류 작동조건

수집 교통상황	Q설계,예측	V승용차,예측	K설계,예측
교통상황 1	< Q설계,예측, 120, on	-	-
교통상황 2	> Q설계,예측, 120, on	-	-
교통상황 3	> Q설계,예측, 100, on	< V승용차,예측, 100, on	> K설계,예측, 100, on
교통상황 4	> Q설계,예측, 80, on	< V승용차,예측, 80, on	> K설계,예측, 80, on
교통상황 5	> Q설계,예측, 60, on	< V승용차,예측, 60, on	> K설계,예측, 60, on

- 작동기준 미만: Q설계.예측 그리고 (V차량.예측과 K설계.예측)

표 4-3 조화 교통류 종료기준

수집 교통상황	Q설계,예측	V승용차,예측	K설계,예측
교통상황 1	< Q설계,예측, 120, off	-	-
교통상황 2	> Q설계,예측, 120, off	-	-
교통상황 3	> Q설계,예측, 100, off	< V승용차,예측, 100, off	> K설계,예측, 100, off
교통상황 4	> Q설계,예측, 80, off	< V승용차,예측, 80, off	> K설계,예측, 80, off
교통상황 5	> Q설계,예측, 60, off	< V승용차,예측, 60, off	> K설계,예측, 60, off

변수

임계값은 모든 측정단면에 대하여 변수가 자유롭게 조정되어야 한다. 다음과 같은 변수들이 초기값으로 추천된다.

- 작동조건:

표 4-4 조화 작동조건 임계값

	단 위	1차로	2차로	3차로	4차로
Q설계,예측, 120, on	[PCU/h]	2000	3200	4000	4400
Q설계,예측, 100, on	[PCU/h]	2400	3600	4800	5200
Q설계,예측, 80, on	[PCU/h]	2600	4000	5400	5600
Q설계,예측, 60, on	[PCU/h]	2800	4400	6000	6200
V승용차,예측, 100, on	[km/h]	90	90	90	90
V승용차,예측, 80, on	[km/h]	70	70	70	70
V승용차,예측, 60, on	[km/h]	50	50	50	50
K설계,예측, 100, on	[PCU/km]	25	35	50	50
K설계,예측, 80, on	[PCU/km]	25	35	50	50
K설계,예측, 60, on	[PCU/km]	25	35	50	50

- 종료조건:

표 4-5 조화 교통류 종료조건 임계값

	단 위	1차로	2차로	3차로	4차로
Q설계,예측, 120, off	[PCU/h]	1800	2900	3600	4000
Q설계,예측, 100, off	[PCU/h]	2200	3300	4400	4800
Q설계,예측, 80, off	[PCU/h]	2400	3700	5000	5200
Q설계,예측, 80, off	[PCU/h]	2600	4100	5500	5800
V승용차,예측, 80, off	[km/h]	95	95	95	95
V승용차,예측, 80, off	[km/h]	75	75	75	75
V승용차,예측, 60, off	[km/h]	55	55	55	55
K설계,예측, 80, off	[PCU/km]	35	45	60	60
K설계,예측, 80, off	[PCU/km]	35	45	60	60
K설계,예측, 60, off	[PCU/km]	35	45	60	60

4.3.2.2. 기법 확장

측정과 측정값 처리에 따른 시간소모를 줄이기 위하여 직접적으로 상류부에 설치된 측정단면을 고려하지 않고, 측정위치와 정보제공 위치를 변형적으로 조합하는 것이 바람직할 경우가 있다. 측정기술적인 전방 설치를 통하여 (작동관련 측정단면의 전방설치) 처리시간이 대략적으로 보정된다. 다시 말하면 운전자는 그로 인하여 작동된 속도조화를 스스로 받을 수 있게 된다.

구체적인 경우에 속도조화를 위하여 지점별 높은 설계교통량 값에 정보제공/측정단면간 매우 빠른 반응시간이 불필요할 경우 속도조화 근거에 있어서 정보제공 단면 전방에 다수 설치된 측정단면과 최소작동시간에 대하여 단순한 방법으로서 시공간적으로 작동정보를 지속하여 제공할 수 있다.

4.3.2.3. 정체기준 1(점유)

입력지표와 출력지표

- 입력지표: 측정단면의 차로별 점유율 o
- 출력지표: 정체기준 점유 도달/미달

작동-과 종료조건

- 정체기준 점유 도달:
  차로별: o > o정체, on
- 정체기준 점유 미달:
  차로별: o < o정체, off

변수

임계값은 모든 차로별로 적절하게 변수를 설정한다. 다음 변수들이 초기값으로 적용될 수 있다.

- o정체, on: 50%
- o정체, off: 35%

4.3.2.4. 정체기준 2(예측속도)

입력지표와 출력지표

- 입력지표: 방향별 예측 데이터 Q차량.예측, V승용차.예측, Q승용차.예측, Q화물차.예측, V차량.예측
- 출력지표: 정체기준 예측속도 도달/미달

작동-과 종료조건

- 작동조건:
  정체는,

IF V차량 ≤ V정체, on

AND IF Q차량 ≥ Q 차량,정체.

AND IF |V승용차.예측-V화물차.예측| ≤ Vdiff, 정체 AND Q승용차 ≠ 0 AND Q화물차 ≠ 0

- 종료조건:

V차량 ≥ V정체, off

변수

임계값은 모든 측정단면별로 적절하게 변수를 설정한다. 다음 변수들이 초기값으로 적용될 수 있다.

- V정체, on: 35 km/h
- Vdiff, 정체: 25 km/h
- V정체., off: 50 km/h
- Q차량, 정체: 1,800대/시

4.3.2.5. 정체기준 3(구간단위 돌발감지 - VKdiff)

이 기법에 대해서는 4.4에서 자세히 설명된다.

4.3.2.6. 정체기준 4(교통수준 Z4)

입력지표와 출력지표

측정단면에서 교통수준 Z4가 산출될 경우 이 측정단면에는 교통정체가 발생하였다는 것을 의미한다.

4.3.3. 경험

4.3.3.1. 현재 적용영역

모든 구간제어시스템

4.3.3.2. 실제 경험

MARZ에 의한 교통상황과 돌발감지를 위한 기법은 – VKdiff 정체기준을 제외하면 – 지난 기간 동안 인정을 받고 있다. 모든 구간제어시스템의 제어모델에 있어서 탄탄한 기반을 조성하였다.

VKdiff 기법은 일반적으로 통일적인 변수 설정이 불가능하고 수동 변수 설정값이 변화된 조건에 끊임없이 보정되어야 하기 때문에 만족할 만한 결과를 도출하지 못하여 운영되지 않고 있다. 측정단면 간 간격에 따른 영향은 이 기법에서 충분히 고려되지 못한다.

4.3.3.3. 시사점

실제 운영에 있어서 발생하는 교통행태를 잘 반영하기 위한 변수의 검증과 조정이 필요하다.

4.4. AK VRZ VKdiff

4.4.1. 기법 설명

두 개의 측정단면 간 교통기술적인 장애를 감지하기 위하여 다음에 설명되는 절차를 활용하여 단위가 없는 VKDiff 지표가 속도와 밀도변화를 고려하여 산출된다.

다음의 계산들은 교통기술적인 하나의 구간에 대하여 수행된다. 이러한 구간 k는 2개의 자유롭게 조합이 이루어지는 교통자료 검지단면으로 형성되며, 이는 교통기술적으로 교통류 간 내에서 상호 의미 있게 설치된다. 이때 첫 번째 측정단면은 진입단면 e와 두 번째 단면은 진출단면 a를 나타낸다. t시점에서의 지표산출에 있어서 t시점의 진출단면에서의 값과 t-t 운행시점에서의 진입단면에서의 값이 사용되는 진입단면 e와 진출단면 a 간의 t 운행시간이 고려된다. 고려되는 운행시간 t운행은 구간별 구간 설명지표로서 실시간으로 변수가 조정되고 동적으로 보정된다.

모든 구간 k에 대해서 t시점에서의 진입단면 e와 진출단면 a에서 산출된 값을 활용하여 다음과 같은 값들을 산출한다.

$$VKDiff\text{차량}(k) = \sqrt{\left(\frac{Vfree(e) - V\text{차량}(e,\ t - t_{\text{운행시간}})}{V_{free(e)}}\right)^2 + \left(\frac{K\text{차량}(e,\ t - t_{\text{운행시간}})}{2 \cdot K0(e)}\right)^2} - \sqrt{\left(\frac{Vfree(a) - V\text{차량}(a,\ t)}{Vfree(a)}\right)^2 + \left(\frac{K\text{차량}(a,\ t)}{2 \cdot K0(a)}\right)^2}$$

측정단면에서의 V차량 값이 i 측정단면에 해당되는 VFree보다 클 경우 VFree(i)-K차량(i)는 0으로 간주한다.

상호 인접한 단면에서의 값은 (구간의 정체 후미에서) 반대방향의 추세로, 즉 VKDiff 차량 = VK(e,t) − VK(a,t)의 차이가 장애지표인 장애에 반응한다. 따라서 VKDiff는 구간기반 기법이다. VK(a/e,t)는 지점별 지표이다.

VKDiff에서는 2개의 구분된 가정이 있다. 위 공식에서는 V차량과 K차량에 분석값이 적용되지만 MARZ의 경우에는 예측값이 반영된다. 위 공식에서는 2배로 곱해진 최적밀도 K0가 분모로 사용되지만 MARZ에서는 Kmax가 적용된다.

4.4.2. 지표

입력지표는 : 2개의 측정단면(e, a)에 대하여 V차량과 K차량이 사용된다.

t시점에서 진출단면의 값과 t − t 운행시점에서의 진입단면의 값이 사용된다(이 시점은 시간적으로 가장 가까운 검지주기를 나타낸다).

출력지표는 : "정체" 또는 "정상".

산출된 지표 VKDiff 차량이 VKDiff 차량 > VKDiffOn and Q차량(e)>Q차량DiffOn일 경우 교통상황이 "정체"인 것으로 가정한다.

작동 중단조건으로는 다음 사항들이 만족되어야 한다.

VKDiff 차량 < VKDiffOff or Q차량(e) < Q차량DiffOff.

이 경우 교통상황은 "정상"로 산출된다.

변수는 : VFree, K0, t운행

VFree는 자유속도(예를 들어, 120 km/h)이고 K0는 최대교통량에서의 차량밀도이다(예를 들어, 100대/km).

변수 t운행은 구간별로 변수를 설정한다.

임계값은 모든 측정단면에 대하여 개별적으로 변수가 설정된다. 표 4 − 6에서와 같이 다음과 같은 변수가 초기값으로 활용될 수 있다.

표 4 − 6 VKdiff 변수

변 수	2 − 차로	3 − 차로
VKDiff 차량ON	0,30	0,40
VKDiff 차량Off	0,30	0,40
Q차량,diff,on	600	800
Q차량,diff,off	600	800

4.4.3. 경험

4.4.3.1. 적용 사례

AK－VRZ 소프트웨어의 활용은 누구나 무료로 활용할 수 있다. 그러나 독일 내에서 VKDiff 기법이 투입된 운영은 알려져 있지 않다. 외국에서는 바젤과 홍콩의 에버딘 터널 교통관제시스템에 적용되고 있다. 두 곳에서는 Fuzzy-상황분석과 연계된 다른 기법과 연계되어 있다.

4.4.3.2. 실제 경험

기법은 돌발상황에 대하여 상당히 민감하게 반응한다. 이는 높은 오보율을 초래한다. 그러나 이는 역으로 적용할 경우, 즉 정상 교통류로 VKDiff가 판정할 경우 정체가 발생하지 않았다는 것을 높은 확률로 증명할 수 있게 된다.

4.4.3.3. 시사점

VKDiff는 K0 또는 Vfree는 물론 VKDiffOn과 VKDiffOff 등의 모델 변수를 사용한다. 이들은 장소, 시간, 교통, 기상 조건과 운영 중인 교통관제시설의 제어상황과 밀접한 관계를 갖는다. 따라서 정적인 상황에서의 변수 최적화는 － 현재 운영되고 있는 － 불가능하다. 변수와 임계값의 동적 최적화와 지속적인 보완이 운영효율을 증대시킨다.

VKDiff는 상류부에 위치한 정체가 해소되고 난 이후에 도착하는 차량군도 판정할 수 있음을 고려해야 한다.

결과에 대한 안정화와 교통수준 분류를 위하여 예를 들어 Fuzzy－상황분석을 위한 입력지표 또는 INCA와의 연계와 가중치 등을 통한 다른 지표와의 연계가 가능하다.

4.5. 불안정 교통류

4.5.1. 기법 개요

이 지점 기법은 불안정 교통류가 시작되는 실질적 교통밀도에 대한 임계값 접근을 나타내는 지표이다. 이 방법은 확률론적 Continuum Model에 기반한다.

1분 단위의 속도 표준편차에 대하여 교통상황 “불안정 교통류”가 산출된다. 좌측 차로의 속도편차 $s_{\text{차량}(i,\text{좌측차로})}$에 대한 비교가 정상교통류인지 또는 돌발상황 조기 판정에 활용된다.

좌측차선의 차량-속도 표준편차가 임계값을 초과할 경우 교통흐름에 불안정 상황이 발생하였다고 판단한다. 즉 다음과 같은 조건이 적용된다.

$$s_{차량}(i,j_{max}) \geq s_{u,max} \text{ and } q_{차량}(i,j_{max}) \cdot 60/T \geq q_{u,max} \text{ and } Q_{차량}(i) \geq Q_{u.max}$$

$s_{u,min}$, $q_{u,min}$과 $Q_{u,min}$ 등의 작동 종료 임계값 미만이 될 경우 "교통흐름 불안정" 판단은 다시 소멸된다.

4.5.2. 지표

입력자료는 : $q_{차량}(i,j_{max})$, $s_{차량}(i,j_{max})$, $Q_{차량}(i)$.
출력자료는 : 측정단면 (i)에서의 교통흐름 불안정(결과판정: Yes, No)

4.5.2.1. 변수

작동기준값 $s_{u,max}$, $q_{u,max}$와 $Q_{u,max}$와 작동종료값 $s_{u,min}$, $q_{u,min}$과 $Q_{u,min}$은 차로별로 개별적으로 변동되어 최적화한다. 제어논리에 대한 초기값으로 표 4-7의 임계값이 적용된다.

표 4-7 교통흐름 불안정 작동과 종료값

작동-임계값	2차로	3차로	4차로
su,max	20 km/h	20 km/h	20 km/h
qu,max	20대/분	20대/분	20대/분
Qu,max	2.000대/시	3.000대/시	3.500대/시
종료-임계값	2차로	3차로	4차로
su,min	15 km/h	15 km/h	15 km/h
qu,min	15대/분	15대/분	15대/분
Qu,min	1.500대/시	2.300대/시	2.300대/시

이 변수들은 현장에서 어느 정도 신뢰성을 갖는 값이나 필요에 따라 지점 여건에 적합하게 보정된다.

4.5.3. 경험

4.5.3.1. 적용지역

MARZ에 따른 모든 구간관제시설.

4.5.3.2. 실제 경험

이 기법은 MARZ 다른 기법에 비하여 적용 사례가 적다. 초기값에 대한 MARZ-추천값은 제한적이다. 높은 교통량에서의 작동은 상대적으로 낮은 불안정-작동 빈도를 나타낸다. 지리적 조건에 따른 임계값 조정이 필요하다.

4.5.3.3. 시사점

MARZ 기법 보완으로 차선수에 따른 s와 q에 대한 변수를 결정하는 것이 바람직하다.

4.6. 동적 교통기초도(Dynamic Fundamental Diagramm)

4.6.1. 기법 개요

이 기법은 지점(측정단면 기준)은 물론 구간단위의 교통상황 수준을 산출한다. 교통상황 수준은 교통기초도(Q-K Diagramm)내 영역으로 정의된다. 실제 교통상황은 실측된 관측자료로부터 교통기초도 내의 운영점(Operate Point)으로서 판단된다. 전이영역 내 두 가지 교통상황 간의 반복을 방지하기 위하여 변수를 활용하여 작동 히스테리를 체크한다.

동적 지점 교통기초도(Dynamic Local Fundamental Diagramm)에서 운영점은 지점별 교통자료 Q설계.평활화와 V차량.평활화를 밀도와의 관계 K설계.평활화=Q설계.평활화/V차량.평활화로부터 산출한다. 운영점은 6개의 가능한 상황영역 지점교통상태 1~6 중 하나에 위치하게 된다. 동적 지점 교통기초도의 그림 4-1 변수별 임계값에 의한 상태영역을 나타낸다.

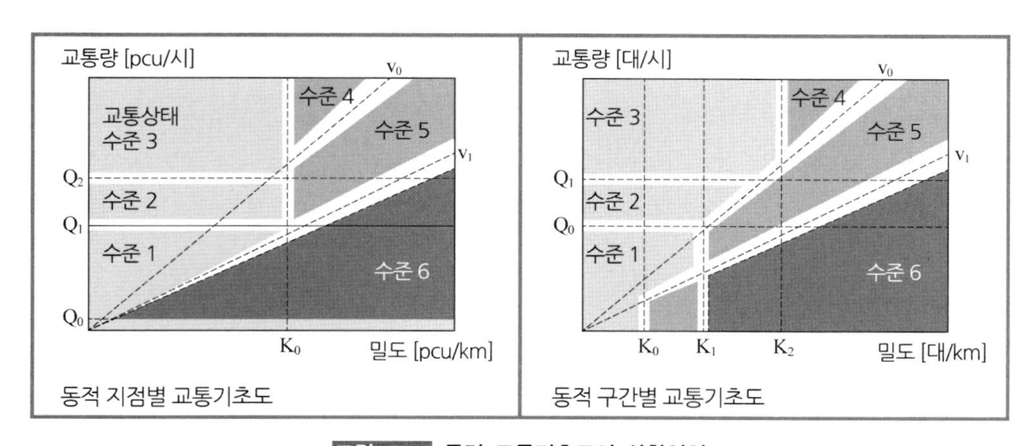

그림 4-1 동적 교통기초도의 상황영역

동적 구간별 동적기초도(Dynamic Corridor Fundamental Diagramm)에서 운영점은 구간별 교통자료 Q차량.평활 = K평활*V차량.평활과 밀도 K평활로부터 산출한다. 운영점은 7개의 가능한 상황영역 구간교통상태 1~7중 하나에 위치하게 된다. 동적 구간별 교통기초도의 그림 4-1은 변수별 임계값에 의한 상황영역을 나타낸다.

4.6.2. 지표

4.6.2.1. 입력자료와 출력자료

표 4-8 동적 교통기초도 입력자료와 출력자료

지 점	구 간
입력자료:	
Q설계.평활 교통량 V차량.평활 속도	운행시간으로부터 산출되는 구간 V차량.평활, 구간 차량평형으로부터 산출되는 구간상 K차량
출력자료는 다음과 같은 의미를 갖는 교통상태 영역:	
교통상태지점 1 자유 교통류 교통상태지점 2 부분 제한 교통류 2a 교통상태지점 3 부분 제한 교통류 2b 교통상태지점 4 억제 교통류 교통상태지점 5 한계 교통류 교통상태지점 6 정체	교통상태구간 1 자유 교통류 교통상태구간 2 부분 제한 교통류 2a 교통상태구간 3 부분 제한 교통류 2b 교통상태구간 4 억제 교통류 교통상태구간 5 한계 교통류 교통상태구간 6 정체 교통상태구간 7 적은 교통량 시 정체

4.6.2.2. 변수

표 4-9 동적교통기초도 변수

지 점	구 간
다음 임계값들은 측정단면별 자유롭게 변수화 가능: 그림 3에 교통상태영역의 임계값 제시	
V0와 V1 Q0, Q1과 Q2 K0	V0와 V1 Q0, Q1 K0, K1과 K2
2차로 표준 - 변수값 (HW = Hysteri 값)	
V0 = 58 km/h, HW +/- 5 km/h V1 = 45 km/h, HW +/- 5 km/h Q0 = 300대/시, HW +/- 0대/시 Q1 = 3100대/시, HW +/- 100대/시 Q2 = 3450대/시, HW +/- 150대/시 K0 = 54대/km, HW +/- 2대/km	V0 = 58 km/h, HW +/- 5 km/h V1 = 45 km/h, HW +/- 5 km/h Q0 = 3000대/시, HW +/- 200대/시 Q1 = 3500대/시, HW +/- 200대/시 K0 = 10대/km, HW +/- 2대/km K1 = 20대/km, HW +/- 2대/km K2 = 54대/km, HW +/- 2대/km

4.6.2.3. 작동과 종료조건

실제 상황영역 판단에 있어서 부대조건(노면상황, 가시거리) 등이 고려될 수 있다.

4.6.3. 경험

4.6.3.1. 적용 지역

이 기법은 독일의 Hohenstadt와 Riedheim 간 BAB A8의 안개경고시스템에서 작동중이다.

4.6.3.2. 실제 경험

이 기법은 1992년 이후 (1998년 이후에는 구간 단위) 구축 운영 중에 있다. 동적 교통기초도의 가시화를 통하여 운영자에게 작동에 관한 이해도를 높이고 있다.

이 시스템은 루프검지기 신호의 상관관계(Correlation) 기법을 통한 구간별 측정값의 데이터 관리가 특히 중요하다. 이로부터 통행시간 뿐만 아니라 구간별 교통량 평형이 산출된다. 상관관계 분석을 통한 구간 단위 측정은 검지기의 과포화 시에는 불가능하다.

4.6.3.3. 시사점

구간단위 데이터 산출은 양호한 루프검지기와 TLS에서 정의된 구간 장비의 통신망 구축을 전제로 한다.

4.7. Kalman-Filter

4.7.1. 기법 개요

Kalman-Filter는 상황과 관측모델로서 관측된 과정을 (단 구간으로 세분화된 교통상황) 가장 유사하게 재현한다. 관측모델은 수집된 입력자료와 설정된 모델 변수로부터 실시간 자료와 지속적으로 비교되는 출력자료를 산출한다. 기법은 인접한 두 개 측정단면에서의 교통량의 편차를 분석하기 위하여 Kalman-Filter를 활용한다. 예측을 위한 단순한 방안으로 현재 활용되고 있는 기법, 과거에는 [Payne, 1971], [Cremer, 1976]의 교통류 모델이 적용되었다. 하류부 횡단면의 교통파급 양상은 진입 횡단면의 측정 교통량에 의하여 전개된다. 정확성을 제고하기 위하여 3개의 연속된 측정단면의 관측치가 활용된다. 진입 횡단면의 교통량과 평균속도로부터 예측된 통행시간을 고려하여 진출 횡단면의 추정 교통량이 산출되고 관측된 교통량과 비교된다. 교통장애가 없는 경우 Kalman-Filter에 의하여 관측치와 모형값 간의 편차는 보정된다. 돌발상황과 같은 편차가 많이 발생할 경우 가상적인 교통흐름이 추가되거나 삭제된다. 편차의 크기는 장애 크기를 나타내는 지표이며 장애지수의 출력자료로 표현된다. 돌발이 없는 경우 가상적인 교통흐름은 발생하지 않는다. 돌발이 발생할 경우 Kalman-Filter는 가상적 교통흐름을 통하여 관측값과 모델의 추정값을 비교한다.

기법은 방향별 횡단면의 교통관제시설의 표준화된 측정값(교통량, 속도, 밀도)을 활용한다. 단면에서의 교통량 평형분석이 이루어지므로 진입로와 진출로에서의 교통량 측정도 필요하다.

정체감지는 부분구간에서의 용량 손실 지표로 해석되는 가설적 진입류(Hypothetic inbound flow)에 의하여 이루어진다. 임계값을 상회할 경우 해당 단면에서 돌발이 발생한 것으로 가정한다. 기법은 측정지점 간 간격이 클 경우 데이터 보완, 구간 기준 지표 산출과 돌발 조기감지를 위하여 활용된다.

Kalman-Filter에는 기존의 고정적인 수집 데이터 이외에 Floating-Car-Data (FCD) 등이 활용되고 융합될 수 있다.

4.7.2. 지표

입력자료로서 3개의 연속된 측정단면의 평균속도와 교통량이 활용된다.

$$V(i),\ Q(i),\ V(i+1),\ Q(i+1),\ V(i+2),\ Q(i+2)$$

모델은 추가적으로 측정과 진행값의 소음(noise)를 설명하기 위한 변수에 대한 정보가 필요하다. 두 개의 변수가 있다.

- ζ [대/주기], 과정 장애를 설명하는
- θ [대/주기], 센서 장애를 설명하는

실제 상황에서 모델은 변수 변경에 대하여 상대적으로 견고하다. 따라서 변수를 변경할 필요가 없으며, 모델 결과에 있어서 검지기 측정신뢰도의 영향이 더 크기 때문에 표준값을 활용할 수 있다.

결과는 해당 구간의 장애지수이다.

4.7.3. 경험

4.7.3.1. 적용지역

기법은 2002년 이후 Kanton과 Basel 내 N2/N3의 교통유도시스템에 적용되어 상황지표를 도출하여 연계된 Fuzzy-현상분석으로 계속 처리된다.

4.7.3.2. 실제 경험

빠른 반응에 (<60초) 대한 요구사항으로 Basel의 교통관제시스템에서는 15초 단위로 운영된다. 시간당 교통량이 1,000대 이상일 경우 반응시간은 60초 미만에 가능하다. 측정단면 간의 간격은 대부분 500에서 최대 1,000 m 미만이다. 때로는 더 큰 간격이 있을 수도 있다. 이 경우 돌발 발생 장소에서의 정보가 측정지점으로 진행되기까지 긴 시간이 소요되므로 지체된 반응시간을 고려해야 한다. 또한 측정간격이 길수록 진출단면에서의 예측 안정성이 하락한다.

4.7.3.3. 시사점

기법은 데이터 수집에 있어서 높은 질적 수준을 필요로 한다. 교통량의 측정오류는 Kalman-Filter를 보정하면서 대응하며 측정오류를 장애로 해석한다. 따라서 – 교통량이 적을 경우 – 오류 경고가 발생할 수 있다. 따라서 기법은 검지 오류 시 지표로 활용 가능하다.

4.8. INCA

4.8.1. 기법 개요

INCA는 교통축 관제시스템의 제어와 보정을 위한 새로운 기법이다. 제어로직은 경고와 교통류 조화 작동을 도출한다. 경고와 조화로 구성된 제한된 작동요구가 진행된다. 경고에 대한 작동요청은 다양한 지수로 연계된 새로운 결정모델에 의하여 이루어진다. 지수는 알려진 MARZ-장애지수 또는 새로 개발된 지수이다.

연계는 t시점에서의 지수 X를 최적화로부터 도출된 가중치 β를 곱하여 진행된다. 모든 가중치를 고려한 장애지수 K는 차례로 더해져서 결정값 Z가 산출된다.

$$Z_t = \sum_{k=1}^{K} \beta_k \chi_{kt}$$

Euler 수는 융합된 Z값으로 지수화된다. 이로부터 산출된 값은 제어임계값 ($\alpha_{0,\cdots M}$)과 비교된다. 이로부터 경고에 대한 작동요구가 발생한다. 표 4-10은 이러한 관계를 나타낸다.

지수 X의 가중값 베타는 개별 지수가 제어결정에 있어서 얼마나 많은 영향을 미치는지에 대하여 결정한다. 지수가 장애 감지에 긍정적이라면 높게 가중된다.

최적화는 새로 개발된 목적함수를 갖고 장애지수 X에 대한 최적화된 가중치 β와 조화교통류 결정을 위한 임계값 α의 산출을 가능하게 한다. 교통안전과 운행시간의 두 개 중요지표에 반영된다. 해당되는 작동이 두 개 지표 중 어디에 더 영향을 미치게 될지를 판단한다. 최적화를 통하여 객관화, 집계된 총 최적화 값이 산출된다. 최적화에 필요한 기초자료는 모든 고려되는 측정단면의 이력 교통자료이다.

INCA는 상황과 돌발감지 차원의 서브센터 내 모듈로서 설치된다. 횡단과 종단비교 또는 일기에 따른 작동과 같은 서브센터의 모든 추가적인 기능 등은 동일하게 운영된다. 다양한 작동요구 중에 어떤 것이 우선권을 갖게 되는지는 가장 우선권이 높은 기능이나 또는 제한된 작동요구 등이 반영된다. 제한된 작동요구가 없고 작동조건이 더 이상 만족되지 않을 경우 작동은 설정된 일정 시간 이후에 단계적으로 다음 우선순위로 전이된다. 이는 작동 중지 시 새로운 변수 최적화와 변수 생성 등이 필요 없다는 장점이 있다.

목적함수를 이용한 개선된 돌발감지와 객관화된 변수 정산을 통하여 교통축 관제시스템의 수준을 개선할 수 있다. 따라서 INCA는 교통안전 제고와 교통축 관제시스템의 호응도를 높이는 데 기여한다.

4.8.2. 지표

입력자료 : 해당 고속도로 구간의 FG1 데이터(교통데이터)

출력자료 : 산출된 교통 여건에 기반하여 속도제한과 정체상황에 대한 추가적인 정보

표 4-10 경고 Decision point

알고리즘 m 수	의 미	작 동
0	$e^{(z)} < \alpha_0$	제한 없음
1	$\alpha_0 < e^{(z)} < \alpha_1$	속도제한 80 km/h
2	$\alpha_1 < e^{(z)} < \alpha_2$	속도제한 60 km/h
3	$\alpha_2 < e^{(z)}$	정체 깔때기 길거나 짧음

("돌발", "정체")를 생성

4.8.3. 경험

4.8.3.1. 적용지역

INCA는 JC Holledau와 Muenchen-Freimann 간 BAB A9의 South Bayern의 고속도로지사에서 운영 중이며, North Bayern 고속도로 지사의 교통축 교통관제시스템 A6 Schwabach에 적용될 예정이다.

4.8.3.2. 실제 경험

INCA는 2개월에 걸쳐 내부적으로 교통축 교통관제시스템 Muenchen 방향의 AD Holledau와 AS Muenchen-Schwabing과 Nuernberg 방향 AS Marktheidenfeld와 AK Biebelried 간 교통축 관제시스템 A3의 2개 시험지역에서 운영되었다. INCA는 다양한 기준에 의하여 폭넓게 평가되었다. 동일한 기준에 대하여 INCA가 없는 경우에 대한 제어 수준도 평가되었다. 따라서 INCA의 설치와 비 설치 시에 대한 제어결과의 비교가 이루어졌다.

교통축 관제시스템에 INCA 투입을 통하여 정체경고와 교통류 조화에 대한 효율성과 신뢰도가 향상되었다.

개발자로부터 수행된 분석도 정체 감지에 대한 획기적 개선과 정체 경고에 대한 타당성이 개선되었다. 제3자로부터의 시험은 아직 이루어지지 않고 있다.

현장 최적화를 위한 소프트웨어를 보정하거나 확장할 수 있는 잠재력이 있다. 예를 들어, 측정단면의 통과에 있어서 정체와 높은 교통밀도가 빨리 해소될 경우 획일적인 고정 정지시간이 적용되면 단기적으로 타당하지 않은 정보표시를 초래하거나 이용자에게 변수 최적화를 시작할 수 있는 가능성 등이다. 이외에도 분리된 시스템으로 인하여 운영자는 UI의 마지막 작동요구만이 제시될 수 있으므로 운영자를 위한 INCA의 작동결정은 투명하게 설계되어야 한다.

4.8.3.3. 시사점

품질지수와 최적화로 인하여 일반적으로 INCA의 원리는 다른 교통축 교통관제시스템에도 활용이 가능하다. 추가적인 알고리즘이 간단하게 결정모델에 같이 반영될 수 있다.

4.9. AIDA 자동 교통상황분류와 돌발감지

4.9.1. 기법 개요

AIDA(Automatic Incident Detection Algorithm)는 돌발과 교통상황을 검지함은 물론 도시부 지역의 방향별 교통 서비스 수준을 평가하고, 가시화할 수 있는 알고리즘이다. 정의된 구간이나 누적된 교통데이터에 기반한 정의된 교통망의 돌발감지와 교통상황 분석이 수행된다.

모든 측정단면 i의 실제적인 교통서비스 수준의 산출은 평활화되지 않은 측정값에 의하여 산출된다

- $V^{조화}_{차량}(i,t,T)$ 차량속도의 조화평균
- $Q^{설계}(i,t,T)$ 설계 교통량

측정단면에서의 실제 교통상황은 Q-V-Diagramm에 의하여 설명된다. Q-V-Diagramm은 경험적으로 수집된 교통데이터로부터 산출되고 서비스 수준 범위로 구분된다. 분석은 운행방향별로 이루어진다. LOS-범위는 4개의 교통단계(1 자유교통류, 2 제한교통류, 3 억제교통류, 4 정체)로 구성된다(그림 4-2).

개별 측정단면의 LOS-영역에 대한 임계값은 교통량 Qc에 의하여 결정된다. 교통량은 측정단면에서 측정된 가장 많은 교통량을 기준으로 하며, 이는 해당지역의 교통용량으로서 측정 가능한 교통량 범위 중 가장 높은 한계를 의미한다. Qc와 VMIN-DUA는 측정 데이터에 의하여 산출된다.

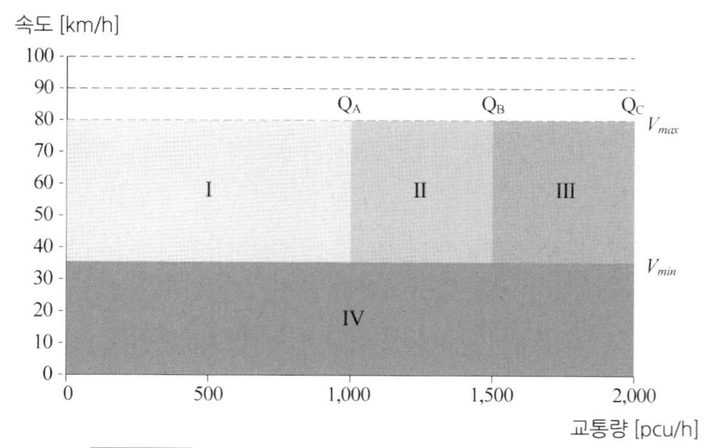

그림 4-2 도시부 도로의 운행방향별 교통 서비스 수준

표 4-11 진행방향별 교통서비스 수준 산출

교통수준	$V_{차량,}^{조화}(i,t,T)$	$Q_{차량,}^{설계}(i,t,T)$	정 보
5	< VMIN		정체(Ⅳ)
4	≥ VMIN	≥ Q설계	억제부터 매우 억제(Ⅲ)
3	≥ VMIN	≥ QA	부분 억제, 그러나 안정류(Ⅱ)
2	≥ VMIN		자유 교통류(Ⅰ)
1			미검지
0			교통수집 장애

한계 Q_B와 Q_A는 Q_C와의 관계에 의하여 다음과 같은 공식으로 산출된다.

$$Q_B = \frac{Q_C}{1,1},\ Q_A = 0,6 \cdot Q_B$$

LOS Ⅰ, Ⅱ, Ⅲ과 Ⅳ에 대한 경계는 속도 V_{MIN}에 의하여 산출된다. 속도 V_{MIN}은 자유롭게 설정 가능한 변수 α를 사용하여 산출된다.

$$V_{MIN} = V_{MIN-DUA} \cdot \alpha$$

$V_{MIN\text{-}DUA}$는 교통량 Q_C일 경우 산출된 속도이다. 이 속도 미만일 경우 교통량은 다시 감소한다. 가능한 속도영역은 최대속도 V_{MAX}의 정의를 통하여 가장 높은 V_{MAX}로 제한된다.

산출된 $V_{차량,조화}(i,t,T)$와 $Q_{설계}(i,t,T)$는 LOS-영역에 분류된다. 해당되는 측정단면에서의 교통흐름은 이로부터 평가된다.

서비스 수준의 산출은 표 4-11에 의하여 결정된다.

이 절차에 있어서 다음과 같은 사항들을 주의한다.

- 교통서비스 수준 산출을 위한 조건(속도와 설계 교통량)은 "AND"로 연결된다.
- 더 높은 교통서비스 수준 산출이 먼저 수행된다.

4.9.2. 지표

입력자료 : TLS-기준 루프검지기 데이터

- $V^{조화}_{차량}(i,t,T)$ 차량속도의 조화평균
- $Q^{설계}(i,t,T)$ 설계 교통량

출력자료 : v_승용차, v_화물차,v_차량, q_승용차, q-화물차, q_차량, 최대교통량 Qc, 이에 해당하는 속도 $V_{MIN\text{-}DUA}$.

4.9.3. 경험

4.9.3.1. 적용지역

Nuernberg / Muenchen Messe / Stadion / ARENA(예를 들어, PeTuel Tunnel, Neue Messe Muenchen Riem) 교통유도시스템

4.9.3.2. 실제 경험

도시부 도로에서 성공적으로 적용되고 있다. 교통상황은 신뢰성 있게 분류된다. 돌발도 신뢰성 있게 감지된다. 지리적 특성을 고려한 교통서비스 수준-변수의 세밀한 보정은 필요하다.

Nuernberg Messe / Stadion / ARENA의 현재 초기 설정값은 다음과 같다.

- Q_C = 500[대/시]
- V_{MIN} = 10[km/시]

α 지수의 변수 설정은 측정 단면별로 이루어진다.

4.9.3.3. 시사점

기법은 고속도로 진출입 구간의 교통상황 산출에 적합하다.

짧은 측정주기에서 변수가 (분 단위) 매우 높은 값으로 설정될 수 있으므로 몇 개의 측정단면에 있어서 변수를 정기적인 간격으로 수동 보정하는 것이 필요하다.

4.10. Fuzzy 교통상황 분석

4.10.1. 기법 개요

먼저 Fuzzy-로직에 대한 기본 개념이 설명된다. 이 이론은 결정적이 아닌 "애매함"을 활용하여 분석하는 것이다. 데이터 입력 시 수리 정보는 언어정보를 활용한 애매함으로 대체된다. 언어적 변수는 값이 숫자가 아닌 (결정론적 변수와 같은) 언어 용어이다. 해당되는 특성들이 Fuzzy set로 설명된다. 용어들은 내용적으로 "애매함"을 통하여 이른바 기본변수들로 정의된다. Fuzzy-운영은 연계를 위하여 (개별값의 누적) 적용된다. 선택은 개별 사항에 따라 변하게 된다. 데이터 출력은 해당되는 소속함수가 Defuzzification에 의하여 수치로

다시 전환된다.

교통상황 판단을 위한 입력자료로서 속도 V차량(i)와 밀도 K설계(i)가 (측정단면의 설계밀도) 사용된다. 지점별 측정 교통데이터로부터 지점의 교통상황이 판단된다. 이렇게 산출된 교통상황은 MARZ에 의한 정체기준 (4.3)과 유사하게 측정단면이 위치한 구간에 대하여 표현된다.

속도(낮음, 중간, 높음)와 교통밀도(낮음, 높지 않음, 높음, 아주 높음)에 대하여 언어적 변수가 사용된다.

교통상황 판단 이외에 속도, 밀도와 교통량이 확산되고 종합적인 데이터 분석 처리에 고려될 수 있어야 한다. 속도와 교통밀도는 교통상황 판단을 위한 언어적 변수로서 처리되었

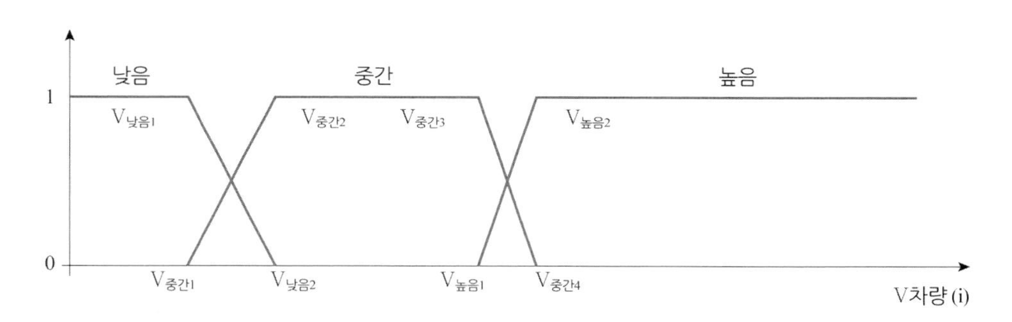

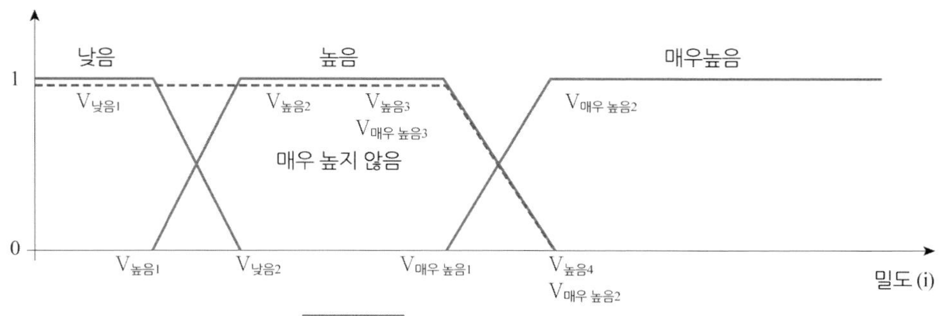

그림 4-3 Fuzzification 양적 표현

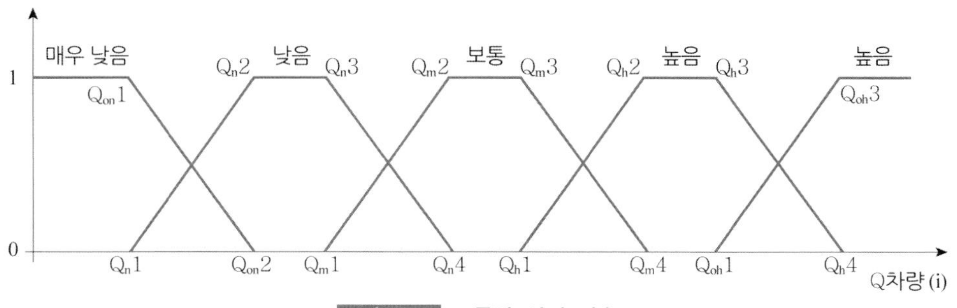

그림 4-4 교통량 언어 변수

고 단지 다음 단계로 전개된다. 교통량에 있어서 한 지점에서 산출된 값 Q차량(i)는 무조건 교통수요를 나타내는 것은 아니다(예, 정체 시). 그림 4-4는 교통량에 대한 언어적 변수의 예를 나타내고 있다.

Tip : 교통량과 -밀도는 물론 속도 지표 이외에 고속도로 교통관제센터에는 예를 들어 차량-속도 또는 화물차-비율의 표준편차와 같은 추가적인 지표의 퍼지화가 이루어진다.

4.10.2. 지표

교통상황 판단을 위한 입력자료는 속도 V차량(i)와 밀도 K설계(i) (측정단면의 설계밀도)이다.

출력자료는 구간을 대표하는 측정단면에서의 언어적 교통상황 표현이다.

차로수와 측정단면의 위치에 따라 (본선구간, 접속부) 다음과 같은 다양한 초기값을 위

표 4-12 퍼지화된 교통상황 변수

	본선 구간 상 측정단면			연결부 내 측정단면		
시나리오	2-차로	3-차로	4-차로	1-차로	2-차로	3-차로
V낮음1	25	27	28	15	20	23
V낮음2	35	36	36	30	30	33
V중간1	25	27	28	15	20	23
V중간2	35	36	36	30	30	33
V중간3	75	77	78	60	70	73
V중간4	85	86	86	80	80	83
V높음1	75	77	78	60	70	73
V높음2	85	86	86	80	80	83
K정체.높음1	50	60	45	40	50	60
K정체.높음2	70	80	55	60	70	80
K비정체.높음1	50	60	45	40	50	60
K비정체.높음2	70	80	55	60	70	80
K높음1	25	35	35	15	25	35
K높음2	35	45	45	25	35	45
K높음3	50	60	60	40	50	60
K높음4	70	80	80	60	70	80
K낮음1	25	60	35	15	25	35
K낮음2	35	80	45	25	35	45

한 디폴트 변수값들이 적용된다. 변수는 표 4-12 해당되는 도로기능에 대하여 소속값 0, 1로 표현된다(하향 램프, 연결로, 상향 램프).

v 변수가 작고 k 변수가 크게 선택될 경우 이는 더 자주 "더 좋은 교통상황"으로 판단하거나 (교통상황 정체가 분석결과로서 더 빈도가 낮게 나타남) 반대의 경우가 발생한다. 언어적 변수 설정과 연계하여 언어적 심볼이 설정된다. 교통상황은 정체, 약간 정체, 양호, 원활의 용어를 통하여 언어적 심볼이 설명된다.

교통량에 대한 언어적 변수에 대한 디폴트 변수값으로 표 4-13이 제시된다.

퍼지화를 이용한 지점 교통상황 판단을 위하여 표 4-14의 규칙들이 적용된다. 교통상황 정체에 대하여 OR-연계가 적용된다(속도가 낮거나 교통밀도가 아주 높을 경우 교통상황은 정체); 속도-/교통밀도 함수의 최대값이 결과로 선택된다. 다른 교통상황에 대하여는 AND-연계가 적용된다(속도가 중간이고 교통밀도가 아주 높지 않으면 교통상황은 약간 정체); 속도-/교통밀도의 최소값이 결과로 선택된다.

어떤 교통상황에 대한 소속은 0,0과 1,0 내에 위치한다. 디폴트값의 변경은 이 요구를 확실히 한다. 지점 상황판단에 있어서 디폴트값에 기반하여 소속값이 0 이상인 최대 3개 상

표 4-13 퍼지 교통량 변수

	본선구간 상 측정단면		
시나리오	2-차로	3-차로	4-차로
Q매우낮음1	500	750	1,000
Q매우낮음2	700	1,050	1,400
Q낮음1	500	750	1,000
Q낮음2	700	1,050	1,400
Q낮음3	1,000	1,500	2,000
Q낮음4	1,400	2,100	2,800
Q중간1	1,000	1,500	2,000
Q중간2	1,400	2,100	2,800
Q중간3	2,000	3,000	4,000
Q중간4	2,400	3,600	4,800
Q높음1	2,000	3,000	4,000
Q높음2	2,400	3,600	4,800
Q높음3	3,000	4,500	6,000
Q높음4	3,400	5,100	6,800
Q매우높음1	3,000	4,500	6,000
Q매우높음2	3,400	5,100	6,800

표 4-14 퍼지화 교통상황 퍼지화 규칙

교통상태	속도 (실제)	속도 (이전 주기)	교통밀도	연계 (Fuzzy-logic)
정체	낮음	낮음	-	or (Maximum)
정체	-	-	매우 높음	-
억제 교통류	중간	-	매우 높지 않음	and (Minimum)
제한 교통류	높음	-	높음	and (Minimum)
자유 교통류	높음	-	낮음	and (Minimum)

황이 발생할 수 있다.

교통상황(정체, 약간 정체, 약간 원할, 원할)은 V차량(i)와/ 또는 K설계(i)가 없을 경우 판단이 불가능하다. 이 경우 교통상황은 “정의 불가”로 표현된다.

4.10.3. 경험

4.10.3.1. 적용지역

퍼지화된 교통상황 판단은 Hessen 주 고속도로망에 전반적으로 적용 중이다. Baden-Wuerttemberg와 Nordrhein-Westfalen 주에도 확대 예정이다.

4.10.3.2. 실제 경험

교통상황 표현이 디지털 지도에 나타나며 효율적인 것으로 평가되고 있다.

4.10.3.3. 시사점

기법은 변수 초기 설정과 추후 보정을 통하여 신뢰성을 갖추었다. 수준 높은 교통상황 판단을 위하여 모든 측정단면은 개별적으로 변수가 최적화되어야 한다. 이는 측정단면이 많을 경우 비용이 많이 소요된다. Hessen에서는 측정단면을 동일한 변수를 갖는 단면으로 그룹화하였다. 예를 들어, 진입-과 진출부는 본선 구간과는 다르게 변수가 설정된다.

4.11. MARZ 화물차 – 비율

4.11.1. 기법 개요

MARZ에 의한 높은 교통량 $Q_{설계.예측}(i)$에서의 높은 화물차 – 비율 $A_{화물차}[\%]$의 검지는 7.3에 상세히 설명되었다.

4.11.2. 지표

입력자료는 예측 설계교통량 $Q_{설계.예측}(i)[PCU/h]$, 화물차 – 비율 $A_{화물차}[\%]$와 예측 화물차 – 교통량 $Q_{화물차,예측}$이다.

작동 – 과 작동 종료 조건:

표 4 – 15 화물차 추월금지 on/off 조건

전환 from – to	조 건
off – on	$(Q_{설계.예측}(i) \geq Q_{화물차,on}) \wedge (A_{화물차}(i) \geq A_{추월금지,\ on})$
on – off	$(Q_{설계.예측}(i) \leq Q_{화물차,off}) \wedge (A_{화물차}(i) \leq A_{추월금지,\ off})$

초기 설정값으로 다음과 같은 한계값들이 사용된다.

표 4 – 16 화물차 추월금지 on/off 조건 변수 초기설정

	2차로	3차로	4차로
Q전환,on	3,200 PCU/시	4,000 PCU/시	4,400 PCU/시
A전환,on	25%	20%	20%
Q전환,off	2,900 PCU/시	3,600 PCU/시	3,900 PCU/시
A전환,off	15%	10%	10%

습윤 노면상황일 경우 예측 설계교통량 $Q_{설계.예측}(i)$와 예측 방향별 화물차 – 교통량 $Q_{화물차.예측}(i)$의 특정 한계값의 초과 시 "습윤 시 높은 화물차 – 비율"이 검지된다. 이와 유사하게 동시에 가시거리 제한 상황이 판단된다.

습윤이나 가시거리 제한 시 높은 화물차 – 비율에 대한 기본 설정값으로 다음과 같은 한계 (AND-연결)값들이 적용된다.

표 4-17 습윤 또는 가시거리 제한 시 화물차 추월금지 작동조건변수 초기설정

차로수	$Q_{\text{설계,전환, 습윤, on}}$ (PCU/시)	$Q_{\text{화물,예측,on}}$ (화물차/시)
4차로	> 4,800	> 800
3차로	> 4,000	> 600
2차로	> 2,800	> 400

다음과 같은 한계값 미만 시 작동 종료 조건에 (OR-연결) 해당된다.

표 4-18 습윤 또는 가시거리 제한 시 화물차 추월 금지 작동 종료 조건 변수 초기설정

차로수	$Q_{\text{설계,전환, 습윤, off}}$ (PCU/시)	$Q_{\text{화물,예측,off}}$ (화물차/시)
4차로	< 4,600	< 700
3차로	< 3,800	< 500
2차로	< 2,600	< 300

4.11.3. 경험

4.11.3.1. 적용지역

MARZ에 의한 높은 화물차-비율 감지기법은 신뢰성 있는 것으로 인정받고 있으며, 모든 교통축 관제시스템의 제어모델의 탄탄한 기초를 제시하고 있다.

4.11.3.2. 실제 경험

일반적으로 가시거리 제한 경고는 이미 화물차-추월금지 정보제공의 기본 기능이다.

4.12. MARZ 습윤상태

4.12.1. 기법 개요

MARZ에 의한 습윤상태 기상상황 도출 기법은 자세히 설명되었다. 측정된 강우량은 습윤단계로 분류된다. 가시거리는 상황이 직접적인 가시단계로부터 도출되지만 습윤상태는 강우단계를 방향별 예측교통자료와 연계하여 도출한다. 따라서 습윤과 교통상황감지가 복합적으로 판단된다.

4.12.2. 지표

4.12.2.1. 입력자료

입력자료 : 강우강도 mm/h, 승용차 방향별 예측속도 V승용차.예측[km/h]

4.12.2.2. 변수

표 4-19 강우 단계 변수

강우 강도	낮은 강우 수준 [mm/h]	높은 강우 수준 [mm/h]
건조	-	1
습윤 1	0,8	7
습윤 2	6	15
습윤 3	13	-

표 4-20 습윤과 교통상황 산출

습윤과 교통여건	강우 수준	작동 임계값 V승용차,예측 [km/h]	종료 임계값 V승용차,예측 [km/h]
상황 1	건조	-	-
상황 2	습윤 1	-	-
상황 3	습윤 1	< 70	> 80
상황 4	습윤 2	-	-
상황 5	습윤 3	-	-
상황 6	습윤 1 또는 습윤 2	< 50	> 60

4.12.2.3. 출력자료

출력자료 : 6단계 습윤상황("건조" 포함)

4.12.3. 경험

4.12.3.1. 적용지역

기법은 강우강도 수집을 위한 센서가 장착된 그러나 수막을 측정하는 도로표면 센서는 설치되지 않은 이전의 교통축 교통관제시스템에 적용되었다.

4.12.3.2. 실제 경험

도로표면의 실제 수막현상을 고려하지 않아 도로포장면의 마찰계수의 감소만을 파악할 수 있다는 것에 주의해야 한다. 따라서 정기적인 변수의 시험과 보정이 필요하다.

4.12.3.3. 시사점

기법은 현 상태의 기술수준을 반영한 것이 아니라 현재 운영되고 있는 시스템이기 때문에 설명되었다. 새로운 시설은 [FGSV, 2010]에 설명된 기법들을 적용한다.

4.13. "교통축 교통관제시스템의 환경데이터 수집과 이용을 위한 지침"에 따른 습윤상태

4.13.1. 기법 개요

기법은 "교통축 교통관제시스템의 환경데이터 수집과 이용을 위한 지침(Hinweise zur Erfassung und Nutzung von Umfelddaten in Streckenbeeinflussungsanlagen, FGSV 306)"에 따른 습윤상태를 설명한다[FGSV, 2010]. 강우강도 이외에 도로포장면의 수막도 수집된다. 강우강도와 수막수준 연계를 통하여 매트릭스를 이용하여 습윤단계가 파악되어 MARZ-기법보다 더욱 실제적인 현상을 반영한다.

4.13.2. 지표

4.13.2.1. 입력자료

입력자료 : 강우강도 mm/h, 수막두께

4.13.2.2. 변수

표 4-21 강우단계 한계값 초기설정

강우강도-수준 on	강우강도-수준 off	강우강도-수준
> 0,0 mm/h		강우강도 0
> 0,3 mm/h	< 0,2 mm/h	강우강도 1
≥ 1.2mm/h	< 1.0mm/h	강우강도2
> 5,0 mm/h	< 4,0 mm/h	강우강도 3
> 12,0 mm/h	< 10,0 mm/h	강우강도 4

표 4-22 수막두께 수준 한계값 초기설정

수막두께-수준 on	수막두께-수준 off	수막두께-수준
> 0,0 mm		수막두께 0
> 0,2 mm	< 0,1 mm	수막두께 1
> 0,5 mm	< 0,4 mm	수막두께 2
> 1,2 mm	< 1,0 mm	수막두께 3

표 4-23 습윤단계 산출 매트릭스 초기설정

		강우강도-수준					
		강우강도 0	강우강도 1	강우강도 2	강우강도 3	강우강도 4	값 미존재
수막두께-수준	수막두께 0	건조	건조	습윤 1	습윤 2	습윤 2	건조
	수막두께 1	습윤 1	습윤 2	습윤 2	습윤 3	습윤 4	습윤 1
	수막두께 2	습윤 2	습윤 3	습윤 2	습윤 3	습윤 4	습윤 2
	수막두께 3	습윤 2	습윤 3	습윤 3	습윤 3	습윤 4	습윤 3
	값 미 존재	건조	건조	습윤 1	습윤 2	습윤 3	

4.13.2.3. 출력자료

출력자료 : 5단계 습윤

4.13.2.4. 적용 지역

강우강도와 수막두께를 수집하는 센서가 장착된 새로운 교통축 교통관제시스템에 주로 적용된다.

4.13.2.5. 실제 경험

다양한 센서 품질에 따라 초기설정 이후에 변수에 대한 정기적인 검증과 보정이 필요하다. MARZ에 비하여 타당한 작동이 가능하다.

4.13.2.6. 시사점

기법은 부분적으로 변수에 대한 설명으로 이루어진다. 실제 적용 이전에 측정값의 평활화, 타당성 검증과 건조단계가 고려된 “교통축 관제시스템의 환경데이터 수집과 이용을 위한 지침”에 따른 완벽한 기준을 준수한다.

4.14. “교통축 교통관제시스템의 환경데이터 수집과 이용을 위한 지침”에 따른 안개상태

4.14.1. 기법 개요

안개 기상상황 도출을 위한 기법은 “교통축 교통관제시스템의 환경데이터 수집과 이용을 위한 지침”에 자세히 설명되었다. 상황으로부터 직접 도출되는 가시거리 측정값은 해당되는 가시단계로 판정된다. MARZ에는 유사한 기법에 대한 설명이 제시되었다.

4.14.2. 지표

4.14.2.1. 입력자료

입력자료 : 가시거리 m

4.14.2.2. 변수

한계값은 모든 측정단면에 대하여 개별적으로 최적화된다. 다음과 같은 변수 초기값으로 설정된다.

표 4-24 가시거리 단계 변수

거시거리 – 수준 on	거시거리 – 수준 off	거시거리 – 수준
> 400 m		가시거리 0
< 400 m	> 500 m	가시거리 1
< 250 m	> 300 m	가시거리 2
< 120 m	> 150 m	가시거리 3
< 80 m	> 100 m	가시거리 4
< 50 m	> 60 m	가시거리 5

4.14.2.3. 출력자료

출력자료 : 6단계 가시수준

4.14.3. 경험

4.14.3.1. 적용지역

모든 교통축 교통관제시스템

4.14.3.2. 실제 경험

일정 규모의 구간을 반영하는 지점 측정임을 유의한다. 안개는 좁은 영역에 국한될 수 있으며 하류부에 제공되는 안개 경고 정보는 타당하지 않아 전체 시스템에 대한 운전자들의 호응도를 낮추게 된다. 센서 설치장소는 기후조건을 고려하여 면밀히 선택되어야 하고, 측정단면-정보제공 단면 간의 관계가 잘 반영되어야 한다.

4.14.3.3. 시사점

운영이 진행됨에 따라 실제적인 기상-과 센서 행태에 대한 변수의 보정이 필요하다. 기법은 일반적인 변수에 대하여 설명되었다. 실제 적용 이전에 “교통축 교통관제시스템의 환경데이터 수집과 이용을 위한 지침”을 준수하고 이에 따른 타당성 검증과 측정값의 평활화를 진행한다.

4.15. 소음

4.15.1. 기법 개요

소음 알고리즘은 전체적인 소음 수준이 높을 경우 민감한 지역에 특정 시간대 차량들의 감속을 위한 것이다. 소음 Li 산출은 방향별 전체 차로에 대하여 수행된다. 상황의 작동과 종료의 잦은 반복을 방지하기 위하여 산출된 Li 값의 5분 단위 평균 평활화값이 적용된다. 이외에 최소작동시간 5분과 다양한 작동과 작동종료 임계값에 대한 변수를 통한 히스테리 현상을 방지토록 한다.

소음상황은 추가적으로 야간시간대 다양한 소음한계를 고려할 수 있도록 시간대별로 변수를 설정토록 한다.

4.15.2. 지표

4.15.2.1. 입력자료

교통데이터

- $Q_{승용차,i}$: 전체 단면 i의 승용차-교통량
- $V_{승용차,i}$: 전체 단면 i의 승용차-속도
- $Q_{화물차,i}$: 전체 단면 i의 화물차-교통량
- $V_{화물차,i}$: 전체 단면 i의 화물차-속도

4.15.2.2. 변수

- K : 지역 특성 보정계수(변수 설정 가능)
- 추가 상수 : k1···,k5.

4.15.2.3. 출력지표

단면 i의 소음수준

$$L_i = 10 \cdot \lg[10^{(\frac{L_{승용차}}{10})} + 10^{(\frac{L_{화물차}}{10})}] + K$$

단면 i의 소음수준(승용차-부분)

$$L_{승용차,\, i} = k_2 + k_2 \cdot \lg(\frac{V_{승용차,\, i}}{k_8}) + 10 \cdot (Q_{승용차,\, i})$$

단면 i의 소음수준 (화물차-부분)

$$L_{화물차,\, i} = k_4 + k_5 \cdot \lg(\frac{V_{화물차,\, i}}{k_8}) + 10 \cdot \lg(Q_{화물차,\, i})$$

$Q_{화물차,j} = 0$일 경우, $L_{화물차,j} = 1$로 한다.

4.15.3. 경험

4.15.3.1. 적용지역

알고리즘은 오스트리아 Steiermark의 교통축 교통관제시스템 약 10 km 구간의 고속도로에서 적용 중이다.

적용되는 소음수준은 낮-저녁-야간 시간대에 60 dB, 이 중 22:00~6:00에는 50 dB이다. 이 경우 화물차의 속도를 제한한다(참고 http://www.laerminfo.at).

4.15.3.2. 실제 경험

소음제한 작동은 4:00에서 6:00와 19:00에서 22:00시에 작동되며 저녁 시간대의 반 정도가 대부분을 차지하고 있다. 작동이 측정 교통량과 속도에 근거하기 때문에 시간대별 교통량 분포에 따른 작동시간 흐름을 볼 수 있다. 오전 오후 첨두시간대에 작동이 되며 6:00에서 19:00시 사이에는 거의 작동이 되지 않는다.

양방향에 있어서 a 단계가 가장 빈번히 작동되며 금요일에 작동이 가장 많다.

평균 작동시간은 7과 8분이다.

4.15.3.3. 시사점

앞에서 설명된 알고리즘은 오스트리아의 RVS[3] 4.2.11에 기초한 것으로 독일 고속도로 적용 시에는 RLS[4]-90을 반영해야 한다.

4.16. 배기가스 제어

4.16.1. 기법 개요

기법의 목적은 배기 관련 속도제한 지표를 산출하는 것이다. 이러한 기법의 투입은 교통으로 인하여 발생되는 NO_2 또는 NOx의 비율이 높은 지역에 적용된다. 기법은 속도제한 100 km/h 또는 80 km/h로 낮추는 지표를 산출한다. 운영은 승용차를 대상으로 한다. 화물차는 허용 최고속도가 이미 가장 낮은 배기가스를 발생토록 설정되어 있어 운영에서 제외된다.

기법은 오스트리아 연방규정에 의한 지침과 한계값을 준수하는 오스트리아 고속도로에서 적용 중이다. 시설의 연간 운영은 물론 동절기에 지속적인 속도 제한 또는 연중 지속적인 속도제한을 목적으로 한다. 추가적으로 IG-L-단기한계값에 있어서 속도제한이 요구된다. 한계값은 1년에 30% 수준의 작동비율로 연간 속도제한의 75% 효율을 확보토록 보정되어야 한다.

배기관련 속도제한의 지수로서 모든 교통으로 인한 배기가스의 승용차-비율이 적용된다. 여기에 사전에 위치별로 보정된 배기가스 확산모델을 활용하여 총 교통의 배기에 대한

3) RVS : Richtlinien und Vorschriften für das Strassenwesen(오스트리아 도로지침과 규정)
4) RLS : Richtlinien für Laermschutz (독일 소음방지 지침)

배출관계를 산출한다. 배기가스량이 산출되고 배출가스는 차종별 교통자료와 배출계수를 활용하여 산출한다. 이때 기상상황이 고려된다(예를 들어, 바람, 전도). 이 관계로부터 승용차－비율이 지수로서 계산된다.

최대한계값에 도달하는 것을 사전에 방지하기 위하여 추가적인 지수로서 총 배출하중 추세 예측을 산출하여 승용차의 배출률이 상한값에 이르기 전에라도 정하여진 최대 한계값 도달 이전에 대응이 가능토록 한다.

4.16.2. 지표

4.16.2.1. 입력자료

- 8＋1－교통데이터(1시간 주기)
- 2＋0－데이터(30분 주기 누적)
- 이벤트 기반 발생분포도(8＋1－교통데이터)
- 배기데이터(30분 주기) : NOx, NO_2

4.16.2.2. 변수

- 차종별 배기계수
- 타당성 한계값
- 유해물질 확산모델 보정계수

4.16.2.3. 출력자료

- 승용차 배기물질
- 총 배기물질량

4.16.3. 경험

4.16.3.1. 적용지역

기법은 Tirol, Salzburg, Oberösterreich와 Kärnten의 ASFINAG[5]에 적용 중이다. 예측값 산출이 없는 최초 구축은 Tirol에서 2007년 이후에 적용 중이다. 2008년부터 예측값도 산출된다.

5) ASFINAG : 오스트리아 고속도로 관리공사

- Tirol : 90 km(2007년 이후) + 12 km(2008년 이후)
- Salzburg : 28 km
- Oberösterreich : 13 km
- Kärnten : 26 km

4.16.3.2. 실제 경험

기법은 신뢰적으로 운영 중이다. 운영을 위하여 8 + 1 데이터 수집의 측정장치가 필요하다. 예를 들어, 공사로 인하여 운영되지 않아 장시간 미작동일 경우 단기한계값 초과로 인한 교통데이터와 무관한 작동이 이루어진다.

제어 품질은 측정장소 위치와 관련된다. 이외에 측정장소에 대한 정기적인 점검과 보정이 계획되어야 한다.

시스템에 대한 호응도는 양호한 것으로 평가된다. 이는 규칙적인 통제와 상대적으로 높은 속도위반에 따른 범칙금에 기인한다.

이 방안은 법적으로 규정된 제한속도를 준수하는 데 도움이 된다. 그러나 이 방안만으로서 독자적인 속도위반을 방지할 수 있는 것은 아니다.

승용차 속도가 100 km/h에서 130 km/h로 증가하게 되면 배기가스는 평균 46% 증가하는 것으로 나타났다[Tirol 주, 2011]. 2006/2007 동절기 조사에 의하면 승용차에 대한 NO_2 배출은 23% 감소하는 것으로 나타났다. 이 수치는 배기가스와 관련한 속도제한의 잠재성을 보여 준다.

4.16.3.3. 시사점

변수는 매년 오스트리아 규정에 의하여 평가되고 보정된다. 이력 데이터와 변수 최적화에 대한 분석은 제3의 전문기관에 의하여 이루어진다.

측정장소는 긴 구간을 대표하며, 즉 유사한 기상학적 조건과 교통량이나 교통수단 구성이 유사한 지점으로 선정해야 한다.

4.17. 미세먼지 - 알고리즘

4.17.1. 기법 개요

미세먼지 알고리즘은 ASFINAG과의 협조에 의하여 오스트리아 연구소에서 오스트리아 연방규정을 준수하는 목적으로 개발되었다. 기준이 되는 유해물질 요소는 NO_2나 NOx가 아닌 미세먼지(PM_{10})이다.

미세먼지 알고리즘은 제어결정에 의하여 생성되는 2개의 지표로 이루어진다. 목적은 50% 미만의 작동빈도로 지속적인 속도제한에 비하여 75%의 효율을 나타내도록 하는 것이다.

첫 번째 지표는 교통량과 무관한 미세먼지의 최근 3시간 평균값과 예측값으로부터 산출된다. 두 번째 지표는 예측된 교통자료를 고려해서 확산조건과 관련하여 기대되는 배출량을 평가한다. 첫 번째 지표에 근거하여 총 배출량이 클 경우 작동이 요구된다. 두 번째 지표는 배출량 중 승용차 - 비율이 평균보다 높은지를 검증한다.

4.17.2. 지표

4.17.2.1. 입력자료

- PM_{10}(미세먼지) 최근 3시간의 30분 - 평균값
- 기상 데이터
- 풍속
- 풍향
- OeNORM 확산수준
- 교통데이터
- 2 + 0 - 교통데이터, 30분 주기 누적
- 8 + 1 - 데이터, 최근 3시간 30분 구분
- 이벤트 기반 수요분포도(8 + 1 - 교통데이터)

4.17.2.2. 변수

- 차종별(승용차, 화물차) 배기계수
- 논리적 한계값
- 유해물질 확산모델 보정계수

4.17.2.3. 출력자료

- 승용차 배출량 비율
- 총 배출량 예측

4.17.3. 경험

4.17.3.1. 적용지역

기법은 2008년 이후 오스트리아 Steiermark의 ASFINAG에 적용 중이다. 4개의 TLS[6]와 연계된 배출측정 장소가 총 연장 95 km의 5 - 35 km 구간의 4개 교통축을 제어한다.

4.17.3.2. 시사점

시설 운영 초기단계에 있어서 자료확보와 기상학적 입력 변수의 예측값에 문제가 있었다(데이터 전송). 이는 첫 번째 평가 시에 파악되어 추후 상당히 개선되었다.

호응도 향상을 위해 2008년 도입 이래 알고리즘에 두 개의 조정이 이루어졌다.

- 25 $\mu g/m^3$의 3개 임계값 도입. 만일 초기 하중이 이 값 미만일 경우 Tempo 100은 작동하지 않는다. 대책의 최소한의 효율성을 확보하기 위하여 반대로 한계값을 49 $\mu g/m^3$에서 40 $\mu g/m^3$으로 하향한다.
- 계산시간을 24시간에서 3시간으로 축소한다. 이로 인해 미세먼지 여건변화에 대하여 보다 빠르게 반응한다.

속도제한 대책이 특정 고속도로 구간의 미세먼지를 대상으로 하더라도 다른 대기유해물질과 온실가스 감축이 동시에 이루어진다.

호응도는 매우 높다. 평균속도는 속도제한 작동 시 118 km/h에서 103 km/h로 낮아졌다. 이를 통하여 PM_{10} 577 kg/년(승용차 배출량 3%), NOx 22,000 kg/a(승용차 배출량 4,5%)과 CO_2 배출량 3,026 t/년(승용차 배출량 2,3%)가 감소되었다.

4.17.3.3. 시사점

변수는 매년 오스트리아 규정에 의하여 평가되고 보정된다. 이력 데이터와 변수 최적화에 대한 분석은 제3의 전문기관에 의하여 이루어진다.

측정장소는 긴 구간을 대표하며, 즉 유사한 기상학적 조건과 교통량이나 교통수단 구성

---

6) TLS : Transport Layer Security

이 유사한 지점으로 선정해야 한다.

측정장소에서의 사전 하중이 측정되어야 한다. PM_{10}은 교통 이외에 다른 유입원으로부터 총 하중에 대한 영향이 크므로 사전 하중 측정을 위한 장소는 고속도로에서 멀리 이격된 곳도 가능하다. 교통으로 인한 추가적인 하중은 계산에 의하여 이루어진다.

4.18. 단순 통행시간 모델

4.18.1. 기법 개요

기법은 지점 평균속도로부터 통행시간을 산출하는 방안을 설명한다:

$$t_T = \frac{1}{V_{지점}} \cdot l_{구간}$$

이때 구간 측정단면의 속도는 외삽처리될 수 있다는 것을 가정한다. 이는 정적 교통상황에 해당한다.

또 다른 가능성은 두 개 측정단면 간 구간을 활용하는 것이다:

$$t_T = \frac{1}{\frac{1}{2} \cdot (V_{차량}(i) + V_{차량}(i+1))} \cdot l_{구간}$$

대상이 되는 구간 내에 다수의 측정단면이 있을 경우 운행시간의 평균값은 다양하게 가정할 수 있다(예를 들어, 산술평균, 조화평균 또는 최소, 최대). 어떤 평균값을 선택하는지의 여부는 주변조건과 교통망에 따라 결정된다.

불안정 교통류일 경우(정체 형성과 정체해소) 큰 오차가 발생할 수 있다. 따라서 교통망과 운행방향에 따라 개별 속도급감에 따라 너무 긴 운행시간이 도출될 수 있으므로 총 통행시간을 평활화할 필요성이 있다.

지점속도가 > 110 km인 운행시간은 장시간 동안 측정된 속도 기준값을 기초로 하는 운행시간을 주의해야 한다. 높은 화물차 비율과 낮은 교통밀도에서의 야간시간대 속도 급감일 경우 이에 해당되는 속도 기준값을 기반으로 해야 한다.

운행시간 동일 또는 시간적 비율적 오차는 교통망이나 운행방향별로 구분되어 전환명령이 산출된다(반자동).

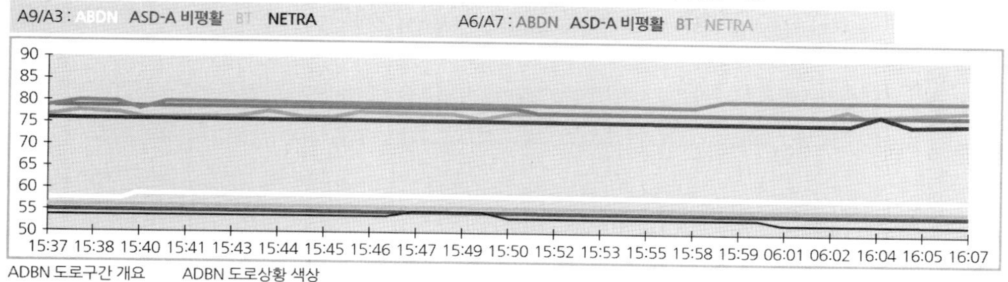

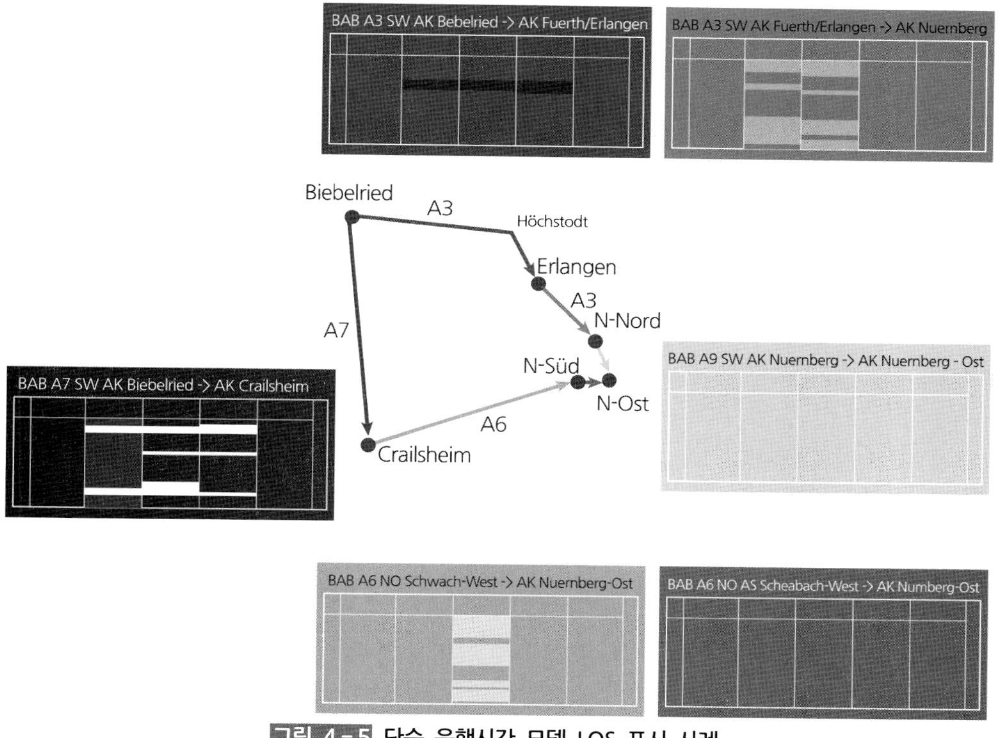

그림 4-5 **단순 운행시간 모델 LOS 표시 사례**

추가적인 보조수단으로 교통망이나 운행방향별 운행시간 다이어그램 이외에 구간별 최근 30분 간 LOS가 종합된 등고선 선도(Contour Plot)가 포함된 세부 도표가 필요하다(그림 4-5). 이러한 등고선 선도는 정체 형성과 해소 및 이로 인한 교통파급 현상을 효율적으로 묘사한다. 개별 구간이나 분당 추가적인 정보(V-, Q-, K-값) 역시 등고선 선도로부터 읽을 수 있다.

운행시간 산출을 위하여 North-와 Southern Bayern의 고속도로본부의 데이터와 외부 데이터들이 활용된다.

교통망 운행시간 비교
자동페이지 갱신 ☑ 블루투스 데이터 ☑

A9/A3 Nuernberg-Wuerzburg Sued-Nord - 28.08.2012 - 기준운행시간 : 60분

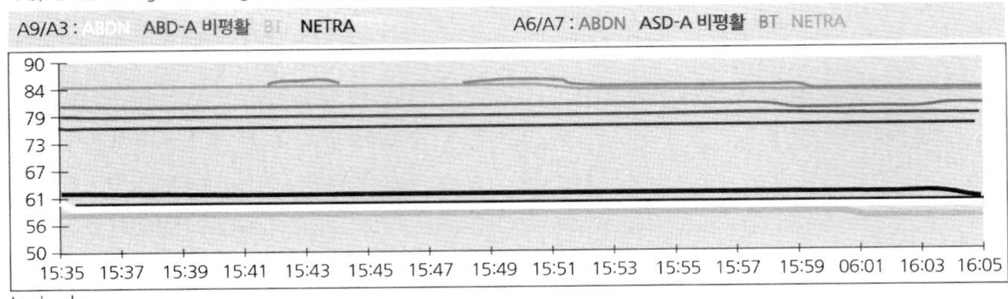

A9/A3 Nuernberg-Wuerzburg Sued-Nord - 28.08.2012 - 기준운행시간 : 60분

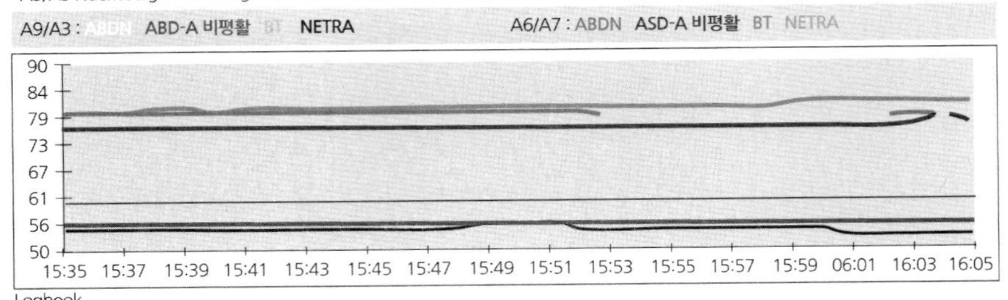

A9/A3 Nuernberg-Wuerzburg Sued-Nord - 28.08.2012 - 기준운행시간 : 55분

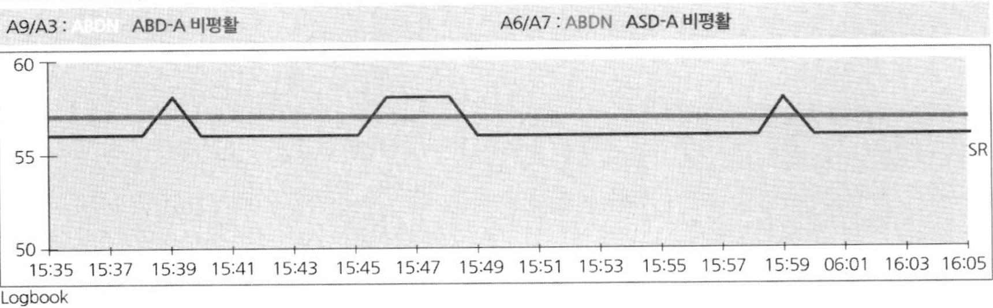

A9/A3 Nuernberg-Wuerzburg Sued-Nord - 28.08.2012 - 기준운행시간 : 55분

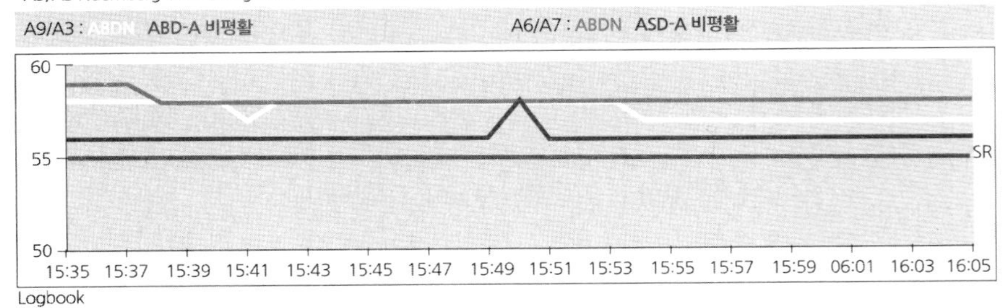

A9/A3 Nuernberg-Wuerzburg Sued-Nord - 28.08.2012 - 기준운행시간 : 110분

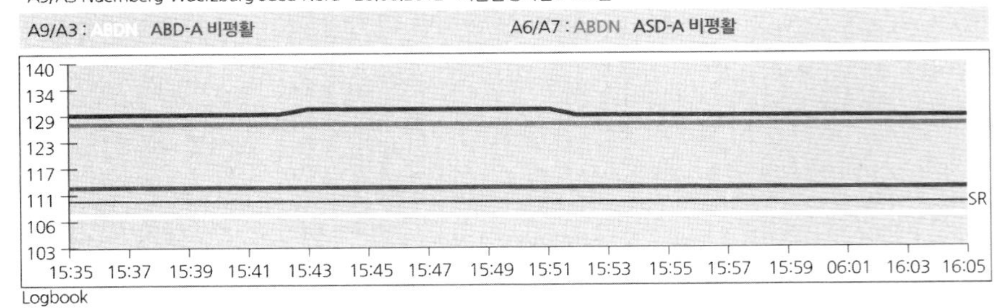

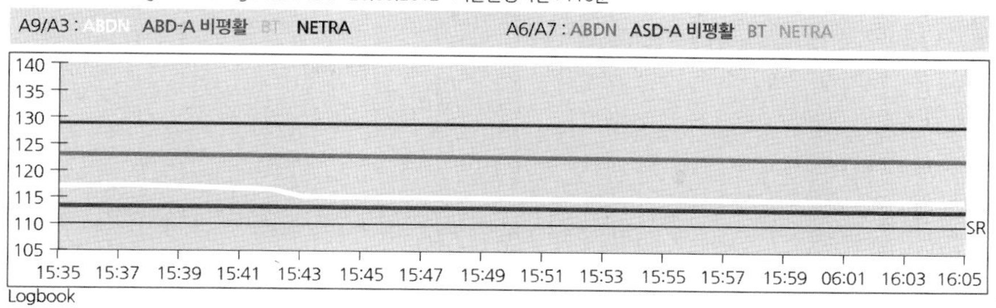

그림 4-6 단순 통행시간 모델의 운행시간 비교 사례

4.18.2. 지표

입력자료 : 모든 차량 평균속도 V차량(i)와 이에 대한 해당 연장, MARZ에 의해 산출된 교통서비스 수준(LOS).

결과는 교통망과 운행방향별 총 운행시간.

4.18.3. 경험

4.18.3.1. 적용지역

단순 운행시간 모델은 Nuernberg/ Wuerzbug(A3 – A6 / A7), Nuernberg/ Schweinfurt(A7/ A3 -A70/ A73)과 Hof/ Holledau(A9 – A72 / A93)에 적용 중이고 전략지점에 설치된 우회도로 안내고리 설정 알고리즘을 지원한다.

4.18.3.2. 실제경험

"단순 운행시간 모델"은 2008년 8월 초부터 운영 중이다. 실제 교통상황을 고려한 전환명령이 이루어지고 있다. 측정단면이 조밀하고 교통류가 안정적일수록 보다 양호한 결과가 도출된다. 제한된 예측력을 갖는 측정값의 고려는 TLS에 의한 기존 측정단면이 불충분하게 설치된 구간에서만 이루어져야 한다.

4.18.3.3. 시사점

교통망과 운행방향별 총 운행시간은 강력한 평활화를 필요로 한다. 그렇지 않을 경우 개별적인 속도 급감이 실제 교통상황과 부합되지 않는 큰 운행시간 상승이나 이로 인한 왜곡이 발생할 수 있다.

ASDA/FOTO와 비교한 이 기법의 운행시간 산출은 모든 교통상태에서 매우 양호하게 유사하다. 운행시간 산출을 위하여 두 개의 기법은 동일한 것으로 간주된다.

신속성, 신뢰성과 돌발로부터 결과된 용량 감소와 예측력을 높이기 위하여 이 기법은 보완될 수 있다.

4.19. 결정론적 정체모델 운행시간 모델

4.19.1. 기법 개요

이 기법은 측정값에 기초하여 구간당("Link") 운행시간을 산출한다. 하나의 구간은 구간의 진출입 단면으로서 본선에 최소 2개의 측정단면이 있는 것을 가정한다.

평형기법의 개념으로 측정값의 수준이 운행시간 산출 품질에 큰 영향을 미친다. 이 기법에서는 진출입 교통량을 동시에 고려한다.

교통흐름이 평형이 되는 구간의 경우 구간상 차량 평형(Balance)을 고려하여 정체길이를 산출할 수 있는 가능성이 있다. 이는 추가적으로 진입부와 진출부 측정단면에서의 속도에 추가하여 운행시간을 산출할 수 있다.

구간에 다수의 측정단면이 있을 경우 진출입부 측정단면의 평균속도가 활용된다. 측정단면의 순서가 중요하다.

누락된 측정값 또는 비합리적 데이터의 경우 운행시간 산출이 종료된다. 이 시간에 정체길이에 변화가 있을 수 있으므로 양쪽의 측정단면에 자유교통류가 형성이 되고 난 이후 정확한 측정값이 신규로 생성되면 운행시간 산출이 재개된다.

공식 1 (차량 Balance에 의한 정체길이 산출)

$$\triangle Qt = Q(t,i) - Q(t,\ i+1)$$

(측정 시점의 진출입 차량수 차이)

여기서

$$Q(t,i) = Q_{본선}(t,i) + \Sigma Q_{진입.부도로}(t,i)$$

그리고

$$Q(t,i+1) = Q_{본선}(t,i+1) - \Sigma Q_{진출.부도로}(t,i+1)$$

정체길이는

$$L_{정체}(t) = L_{정체}(t-1) + (\triangle Q(t) \cdot L_{차량})/차로수$$

(출구기준)

공식 2(대기시간, 정체시간과 자유교통류 통행시간 합으로서 운행시간 산출)

$$t_{운행} = (L_{구간} - L_{t,정체})/V + L_{t,정체}/V_{정체}$$

(V는 해당 측정단면의 평균속도)
구간의 다양한 여건을 감안하여 다음과 같은 case-구분이 수행된다.

Case 1

양 측정단면 자유교통류

$$MQ_i : v_i > v_{임계} ; MQ_{i+1} : v_{i+1} > v_{임계}$$

MQ_i MQ_{i+1}

운행방향 →

이 경우 지점속도 평균으로부터 평균 구간속도 $V_{구간}$이 산출된다.

Case 2

양 측정단면 정체

$$MQ_i : v_i < v_{임계} 와\ MQ_{i+1} : v_{i+1} < v_{임계}$$

MQ_i MQ_{i+1}

운행방향 → 정체

이 경우 구간은 완전히 정체되었다. 운행시간 산출을 위하여 속도는 $V_{정체}$ = 12 km/h로 전 구간에 가정한다. 정체 구간의 이 통행속도는 고속도로에서 측정한 값이다.

Case 3

진출부 정체와 진입부 자유교통류(정체 형성)

$MQ_i : v_i > v_{임계} ; MQ_{i+1} : v_{i+1} < v_{임계}$

MQ$_i$ MQ$_{i+1}$

운행방향 → 정체

이 경우 전체 구간은 다양한 교통상황으로 가정된다. 진입부의 교통수요와 진출부의 낮은 용량과 관련하여 일부 구간에 정체가 확산된다. 이 부분구간에 대하여 차량이 아직 자유스럽게 운행하는 $t_{잔여.자유교통구간}$과는 다른 정체－운행시간 $t_{잔여.정체교통}$이 적용된다.

정체길이는 구간의 +, －기호로서 구분되는 차량 차이로 산출된다. 이를 통하여 정체길이가 다시 감소될 수도 있다.

주기 t당 정체길이는 평균 차량길이를 10 m로 가정하여 정체구간 내 정체 차량 대수로 산출한다.

Case 4

진입부 정체와 진출부 자유교통류

$MQ_i : v_i < v_{임계} ; MQ_{i+1} : v_{i+1} > v_{임계}$

MQ$_i$ MQ$_{i+1}$

운행방향 → 정체

정체 해소 시 진출부에는 진입부보다 높은 속도가 측정된다(자유 교통류 $v > v_{한계}$). 이 경우 이력데이터를 같이 고려한다.

Case 4a

구간이 이전에 정체됨(정체 해소)

이 경우 Case 3과 유사하게 산출된다.

이 경우 차량 평형이 음부호이므로 정체길이는 축소된다.

Case 4b

진입부 정체가 갑자기 발생

이 경우 어느 장소에 정체가 시작되는지 알 수 없으므로 정체길이에 대한 가정이 이루어지지 않는다. 첫 번째 추정으로 전체 구간 중 반 정도가 정체가 있는 것으로 가정한다.

표 4-25는 앞의 산출방법과 검지기 상황과 관련하여 정체길이와 운행시간이 계산되는지 개요를 나타내고 있다.

표 4-25 결정론적 정체모델 기반 운행시간 모델의 운행시간과 정체길이 산출

측정값 분석(t) / 상태 (t-1)	$V_i(t) > V_{임계}$와 $V_{i+1}(t) > V_{임계}$ (비정체)	$V_i(t) > V_{임계}$와 $V_{i+1}(t) < V_{임계}$ (진출부 정체)	$V_i(t) < V_{임계}$와 $V_{i+1}(t) < V_{임계}$ (정체)	$V_i(t) < V_{임계}$와 $V_{i+1}(t) > V_{임계}$ (진입부 정체)
비정체	운행시간: $t_{운행시간}$ = 공식 2, $v(t) = (V_i(t) + V_{i+1}(t))/2$ 정체길이: $L_{정체} = 0$ 결과 상태: 비정체	운행시간: $t_{운행시간}$ = 공식 2, $v(t) = V_i(t)$ 정체길이: $L_{정체}$ = 공식 1 결과 상태: 진출부 정체	운행시간: $t_{운행시간}$ = 공식 2, 정체길이: $L_{정체} = L_{구간}$ 결과 상태: 정체	운행시간: $t_{운행시간}$ = 공식 2, $v(t) = V_{i+1}(t)$ 정체길이: $L_{정체} = L_{구간}/2$ 결과 상태: 급진적 진입부 정체
진출부 정체	운행시간: $t_{운행시간}$ = 공식 2, $v(t) = (V_i(t) + V_{i+1}(t))/2$ 정체길이: $L_{정체} = 0$ 결과 상태: 비정체	운행시간: $t_{운행시간}$ = 공식 2, $v(t) = V_i(t)$ 정체길이: $L_{정체}$ = 공식 1 결과 상태: 진출부 정체	운행시간: $t_{운행시간}$ = 공식 2, 정체길이: $L_{정체} = L_{구간}$ 결과 상태: 정체	운행시간: $t_{운행시간}$ = "미제시" 정체길이: $L_{정체}$ = "미제시" 결과 상태: 비논리적
정체	운행시간: $t_{운행시간}$ = 공식 2, $v(t) = (V_i(t) + V_{i+1}(t))/2$ 정체길이: $L_{정체} = 0$ 결과 상태: 비정체	운행시간: $t_{운행시간}$ = 공식 2, $v(t) = V_i(t)$ 정체길이: $L_{정체}$ = 공식 1 결과 상태: 진출부 정체	운행시간: $t_{운행시간}$ = 공식 2, 정체길이: $L_{정체} = L_{구간}$ 결과 상태: 정체	운행시간: $t_{운행시간}$ = 공식 2, $v(t) = V_{i+1}(t)$ 정체길이: $L_{정체}$ = 공식 1 결과 상태: 점진적 진입부 정체

측정값 분석(t) / 상태 (t-1)	$V_i(t) > V_{임계}$와 $V_{i+1}(t) > V_{임계}$ (비정체)	$V_i(t) > V_{임계}$와 $V_{i+1}(t) < V_{임계}$ (진출부 정체)	$V_i(t) < V_{임계}$와 $V_{i+1}(t) < V_{임계}$ (정체)	$V_i(t) < V_{임계}$와 $V_{i+1}(t) > V_{임계}$ (진입부 정체)
급진적 진입부 정체	운행시간: $t_{운행시간}$ = 공식 2, $v(t) = (V_i(t) + V_{i+1}(t))/2$ 정체길이: $L_{정체} = 0$ 결과 상태: 비정체	운행시간: $t_{운행시간}$ = "미제시" 정체길이: $L_{정체}$ = "미제시" 결과 상태: 비논리적	운행시간: $t_{운행시간}$ = 공식 2, 정체길이: $L_{정체} = L_{구간}$ 결과 상태: 정체	운행시간: $t_{운행시간}$ = 공식 2, $v(t) = V_{i+1}(t)$ 정체길이: $L_{정체} = L_{구간}/2$ 결과 상태: 급진적 진입부 정체
점진적 진입부 정체	운행시간: $t_{운행시간}$ = 공식 2, $v(t) = (V_i(t) + V_{i+1}(t))/2$ 정체길이: $L_{정체} = 0$ 결과 상태: 비정체	운행시간: "미제시" 정체길이: $L_{정체}$ = "미제시" 결과 상태: 비논리적	운행시간: $t_{운행시간}$ = 공식 2, 정체길이: $L_{정체} = L_{구간}$ 결과 상태: 정체	운행시간: $t_{운행시간}$ = 공식 2, $v(t) = V_{i+1}(t)$ 정체길이: $L_{정체}$ = 공식 1 결과 상태: 점진적 진입부 정체
비논리적	운행시간: $t_{운행시간}$ = 공식 2, $v(t) = (V_i(t) + V_{i+1}(t))/2$ 정체길이: $L_{정체} = 0$ 결과 상태: 비정체	운행시간: "미제시" 정체길이: $L_{정체}$ = "미제시" 결과 상태: 비논리적	운행시간: $t_{운행시간}$ = 공식 2, 정체길이: $L_{정체} = L_{구간}$ 결과 상태: 정체	운행시간: $t_{운행시간}$ = "미제시" 정체길이: $L_{정체}$ = "미제시" 결과 상태: 비논리적

4.19.2. 지표

다음과 같은 측정값이 이용된다.

- V 측정단면 MQ_i와 MQ_{i+1}의 평균속도
- Q 측정단면 MQ_i와 MQ_{i+1} 및 진출입부의 교통량

다음과 같은 변수가 적용된다.

- $V_{한계}$ 정체로 정의되는 속도 예를 들어 30 km/h
- $V_{정체}$ 정체 내 속도 예 12 km/h
- $L_{차량}$ 평균 차량길이

4.19.3. 경험

4.19.3.1. 적용지역

알고리즘은 고속도로의 운행시간을 산출하기 위하여 그리스 아테네 교통관제센터에 2004년 이후 적용 중이다. 측정값(교통량, 평균속도와 점유율)의 수집은 영상검지기로 이루어진다. 운행시간 예측 수준은 검지 수준과 관련이 있다.

4.19.3.2. 실제 경험

추정된 운행시간의 정확도는 매일 아테네 교통관제센터 운영자가 실제 발생한 운행시간과 비교하여 테스트한다. 이는 여러 곳에 설치된 영상카메라로부터 개별 차량을 추적하여 얻게 된다. 추정된 운행시간의 오차가 20% 미만이면 운영자는 신뢰할 수 있는 것으로 가정한다. 분석결과 모든 경우의 80%가 오차 20% 미만의 정확도를 갖는 것으로 나타났으며, 16%는 큰 편차를 나타내나 측정 마지막 단계에 있어서는 운행시간이 다시 20% - 수준을 확보하는 것으로 나타났다. 이는 예측 정확도에 있어서 검지기의 위치와 계산(측정주기, 평활화) 상에 있어서 time lag가 발생하는 것을 의미한다. 4% 정도가 오차가 20% 이상인 것으로 나타났다. 모든 경우의 79%는 - 오차가 20% 미만인 경우에 대하여 - 평균적인 오차가 대략 9% 정도로 매우 만족할만한 수준인 것으로 나타났다.

4.19.3.3. 시사점

운행시간 예측 정확도에 영향을 미치는 요소로 측정단면의 위치가 중요한 것으로 나타났다. 아테네 중심부의 경우 경제적인 이유로 인하여 측정단면이 고속도로망의 연결로(진출입 포함)에 설치되었으며, 한 지점에서 본선구간과 진출입 교통량을 측정하게 배치되었다. 이로 인해 진출입 교통량으로 인하여 교통이 동질적이지 않는 문제가 발생하였다. 이러한 경우 연결부 사이의 본선구간에 검지기를 설치하여 진출입 교통으로 인한 영향을 줄이는 것이 더 효율적이다.

이 기법은 비합리성으로 인하여 특정 시간대의 운행시간 추정이 누락되는 등 상당히 조심스럽게 반응한다. 이 경우 계산은 측정단면의 교통상황이 자유교통류가 형성되고 난 이후에 재개된다. 이 경우 구간에서의 초기 정체길이를 파악하고 있는 것이 도움이 된다.

4.20. ASDA/FOTO

4.20.1. 기법 개요

ASDA와 FOTO 기법은 Kerner의 Three-Phase-Traffic Theory에 기반한다. 고속도로의 루프검지기가 설치된 고정된 측정지점의 수많은 데이터 분석으로부터 고속도로의 경험적 교통현상을 설명하고 모델링하는 Three-Phase-Traffic Theory가 Boris Kerner[Kerner, 2004]에 의하여 개발되었다. 이론은 3개의 교통상황을 구분한다. Free Flow(F), Synchronized Flow(S)와 Wide Moving Jam(J). 상황정의는 고속도로에서 측정된 시공간적 교통특성에 기초한다([Kerner, 2004]).

F 현상에서 차량은 차로 변경이나 추월이 자유롭다. 이에 반하여 S 현상에서 차량은 다른 차량의 움직임과 상호 연계되어 조심스럽게 주행한다. 추월이나 차로변경은 제한되거나 불가능하다. J 교통현상에서 교통밀도는 조밀하여 차량이 완전히 정지상태에 있거나 매우 낮은 속도로 주행한다. 개별 교통현상을 특정짓는 지표는 속도, 밀도와 교통량이다. 측정값에 기반하여 다양한 특성에 기반한 시공간적 분석을 통하여 3개의 교통현상이 구분된다.

교통현상 S의 특성은 경험적 기준에 기초하여 대부분의 경우 영역 S의 하류부 전방이 병목지역으로 고정된 상태이다. 이에 반하여 현상 S의 상류부에 위치한 전방은 위치가 고정되어 있지 않다. 상류부 진입교통량에 따라 상류부 또는 하류부로 움직일 수 있다. 교통현상 J 영역에서는 상류부나 하류부 모두 위치가 고정되어 있지 않다. 두 개 모두 특정 속도로 상류부로 이동한다. 두 개의 전방은 추가적인 병목으로 인하여 그들의 움직임이 막히거나 늦추어지지 않으며 이때 하류부 전방의 속도는 유지된다. 상류부 전방은 차량 유입을 통하여 교통현상 J에 영향을 미친다.

교통지표들의 시공간적 파악과 추적을 위하여 Three-Phase-Traffic Theory에 기반하여 ASDA 모델(Automatische Stau Dynamik Analyse)과 FOTO(Forecasting Of Traffic Objects)가 개발되었다.

FOTO 모델은 (그림 4-7) 시공간상 특정 장소에서의 실질적인 교통현상의 파악과 교통현상 S 영역의 경계와 확장을 추적할 수 있다. ASDA 모델은 (그림 4-7) 정체된 교통영역 J의 경계를 파악하고 시공간 상의 움직임을 추적한다. 두 개의 모델은 교통량, 차량 속도와 화물차 비율과 같은 교통지표들에 기초하여 운영된다.

ASDA와 FOTO 모델은 지점 검지기 간의 정체된 교통현상 전방의 시공간적 움직임을 파악한다. 전방은 측정단면 간의 고정 측정데이터에 기초하여 추적되고 진행된다. ASDA/FOTO의

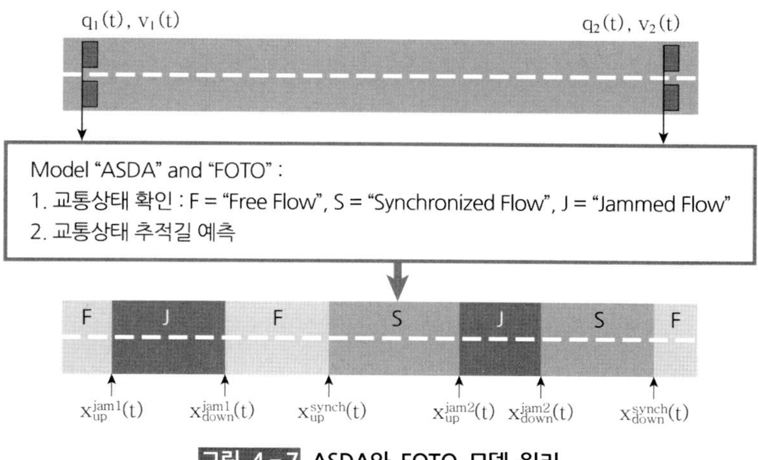

그림 4-7 ASDA와 FOTO 모델 원리

품질은 측정 데이터의 다양한 단계의 완벽성과 이에 따른 모델의 신뢰성을 평가하는 독립적 조사에서 ASDA/FOTO 모델 예측 평가를 가능케 하기 위한 측정단면의 수가 제한된 것으로 나타났다. 두 개의 모델은 측정값에 기초한 자동 보정이 되지 않기 때문에 다양한 환경과 교통상황에서의 모델 변수에 대한 적절성 검증이 이루어지지 않았다.

4.20.2. 지표

ASDA와 FOTO 모델에는 다음과 같은 교통지표들이 필요하다.

- 차로별 또는 방향별로 누적된 승용차와 화물차 교통량 측정치
- 차로별 또는 방향별로 가중된 승용차와 화물차 속도 측정치
- 데이터가 최신일수록, 즉 측정주기가 짧을수록 ASDA와 FOTO 모델에 의하여 계산되는 결과값은 질적으로 수준이 높다. 대부분의 경우 측정주기는 1분이다.
- 교통현상이 변경되는 시간과 장소가 알려질 경우, 측정값이 존재하지 않을 경우 다른 정보원 자료(예를 들어, Floating-Car-Data)를 활용할 수 있다.

추가적으로 구간 기반시설에 대한 설명이 필요하다.

- 개별 측정단면 / 검지기 위치
- 고속도로 차로수 및 차로수 변경 위치
- 연결로 위치(교통관제센터 – 위치)

교통상황 예측을 위하여 교통량, 속도와 교통지표들이 필요하다.

출력자료로서 ASDA와 FOTO 모델은 매주기마다(대부분 1분 주기) 다음과 같은 데이터들을 산출한다.

- 교통현상("Synchronized Flow" 또는 "Wide Moving Jam")과 정체교통 발생 위치. 이는 "Wide Moving Jam"에서 정체 전방 진행속도 또는 "Synchronized Flow" 영역에서 평균속도와 같은 특징적인 변수 등을 포함한다.
- 고속도로 연결구간(TMC-위치를 포함한)간 정체된 교통으로 인한 운행시간과 손실시간

4.20.3. 경험

4.20.3.1. 적용지역

- Hessen 교통관제센터 : 약 1,550 측정장소(2008년 이후), 정체길이를 포함한 동적 우회도로안내시스템에 2008년 이후 ASDA/FOTO가 핵심 시스템으로 운영 중[Kerner, 2004]
- WDR : TRAILS 연계를 통한 Nordrhein-Westfalen 대상 교통망(2007)[Palmer, Rehborn, 2008]
- Bayern 교통정보센터(Bayerninfo:http://www.bayerninfo.de/vib) : 장애파급분석과 운행시간 산출이 아닌 교통상황 분석용
- Nordbayern 고속도로본부 : 교통망 전체에 대한 장애파급분석과 운행시간 산출
- 다양한 연방주의 "Data-Distributor"-Solution을 위한 준비

4.20.3.2. 실제경험

다양한 실제 사례가 Hessen 교통센터에 축적되었다(2004년 이후 전체 Hessen 고속도로망 online, [Kerner, 2004]). 종합적인 평가가 [Kniss, 2000]에 수행되었다: 검지기 입력자료의 의도된 "누락" 상황 하에서 ASDA/FOTO의 품질에 대한 평가가 수행되었다.

ASDA/FOTO는 교통서비스 수준 산출을 위하여 Bayern 교통정보사업자가 활용하였다.

Nordbayern 고속도로본부에서 ASDA/FOTO는 ASDA/FOTO 운행시간 산출을 위하여 네트워크 차원에서 보다 생산적으로 적용되고 있다. 장애파급분석과 단기예측(30분)과 같은 추가적인 흥미있는 특성들이 이용 가능하다.

ASDA/FOTO 특성들은 신뢰있는 운행시간 산출과 단순한 변수 설정이 가능하다. 차로별 교통데이터가 필요하지 않다.

4.20.3.3. 시사점

ASDA/FOTO는 앞에서 언급된 지표로 인하여 인프라 설치가 필요하다. [Kerner et al.,

2004]에 서술된 바와 같이 교통현상 간 전이과정을 바로 측정할 수 있도록 병목구간 인접한 지역에서의 실제적인 교통데이터 수집이 필요하다. 동일 구간에서 교통류 장애의 진입 교통량 산출을 위하여 상류부에서의 측정이 기법의 최소 측정 조건이 된다. 진출입량의 측정은 본선구간의 교통장애에 대한 높은 민감도에 따라 꼭 필요한 것은 아니다.

4.21. 교통망 예측모델

4.21.1. 기법 개요

Schreckenberg의 교통망 예측모델은 검지기 간 교통상황을 재현하고 예측하는 상세한 미시적 모델이다. 기법은 OD 매트릭스에 의한 실제 교통수요와 이에 따른 경로배정을 하는 것이 아니라 개별 검지기 간 교통상황을 추정하기 위하여 지점 자료를 활용하는 것이다.

루프검지기 자료가 활용되며 추가적으로 이력자료가 수집되어 필요할 경우 활용된다. Celluar Automat에 의한 구간 단위 모델의 미시적 입력자료를 이용한다. 차량추종모델에 기반하며 개별차량은 이웃한 차량과의 간격과 속도에 기초하여 가감속을 결정하며, 이를 통하여 다음 순간의 차량위치가 계산되고 모든 차량이 동시에 움직이게 된다. 이 모델이 Celluar Automat으로 불리는 이유는 차량속도가 지속적인 지표가 아닌 단속된 것이기 때문이다(따라서 차량의 좌표도 단속적임). Cellular Automat에 대한 원리는 [Barlovic et al., Mazur et al., Website PTT]에 설명되었다. 모델은 어떤 조건(간격, 속도 차이)에서 운전자가 어떤 가감속을 하게 되는지 6개의 명확한 규칙을 포함한다.

모델은 하류부와 상류부의 루프검지기 데이터에 의하여 운영된다. 단순한 경우 차량이 시뮬레이션 영역으로 진입하도록 상류부 경계의 교통량이 이용된다. 하류부 경계에서는 이 경계에서 측정된 속도를 모델에 강요하기 위하여 속도를 이용한다. 이는 실제 상황에서 이 검지기에서 발생한 정체를 시뮬레이션 영역으로 파급시킬 수 있는 직접적인 가능성이 없으므로 중요한 사항이다.

대/시간으로 나타나는 교통량을 개별 차량의 출발시간으로 전환하기 위하여 다양한 기법이 있다. 단순한 경우 차량은 교통량의 역수 간격으로 일정한 차두간격으로 출발한다. 복잡한 기법은 차두간격 분포가 확률적 분포특성을 갖는 것이나 이 경우 분석 영역 내 진입하는 차량대수가 정확하지 않을 수 있다.

이력자료는 DB에 저장되어 누락 데이터 보정 시 활용된다.

4.21.2. 지표

고정 검지기의 데이터(가능한 한 차로별로)나 이동 데이터원 (FCD)가 필요하다.

- 속도
- 교통량
- 화물차 – 비율
- 도로시설 정보(진입로, 진출로, 차로 횡단구성 정보, JC 교통배분 정보)

예측이 필요할 경우: 교통수요의 추후 변화. 대책으로 대표값 비교를 통하여 예측을 구현할 수 있는 방법이 설명된다.

출력되는 것은

- 대상 구간의 운행시간 예측
- 교통 서비스 수준(교통상황 분류로서)

4.21.3. 경험

4.21.3.1. 적용지역

기법은 NRW, Rheinland-Pfalz, Sachsen-Anhalt 고속도로 프로젝트와 수정된 버전으로 Koblenz와 Mainz에서 운영 중에 있다.

4.21.3.2. 실제 경험

출력자료의 수준은 다른 교통상황 분석기법들과 유사하게 입력자료의 수준과 큰 상관관계에 있다. 이 기법은 특히 검지기가 조밀하게 설치되어 있으므로 입력자료의 수준이 양호하다고 가정할 수 있으며, 이 경우 기법의 품질은 높다고 평가된다. 검지기 밀도가 낮은 구간의 경우 출력자료의 품질은 낮아진다고 볼 수 있다.

4.21.3.3. 시사점

차량 평형(Balance)의 정확한 추정은 연결로와 고속도로 분기점에서의 완벽한 교통검지기의 설치를 요구한다. 이외에 검지기가 신뢰있게 작동하여 추후 시뮬레이션에 있어서 실제 상황이 유사하게 반영되도록 해야 한다. 특히 검지기의 오류 시 시뮬레이션 상의 정체와 자유 교통류 간의 차이를 유발할 수 있는 교통량이 많은 지역에 의미가 있다.

4.22. AK VRZ 교통분포도 예측

4.22.1. 기법 개요

교통분포도 예측 기법은 미래 한 시점에 대한 교통지표의 예측을 수행한다. 모든 방향별로 Q승용차, Q화물차, Q차량, V화물차와 V차량의 교통지표가 예측된다. 예측 시점에 따라 다양한 기법이 적용되며 이들의 결과가 종합된다. 교통분포도 예측으로부터 측정된 교통데이터(분석값), 이벤트 칼렌더로부터의 확정된 상황, 종합적인 데이터 분석이나 이력 분포도로부터 실제 교통상황이 분석된다.

결과로서 기법은 모든 예측되는 지표에 대하여 목표 시간대에 대한 교통분포도 예측값을 산출한다.

결과 교통분포도는 다양한 이력 교통분포도를 갖는 단기 예측데이터와 실제 교통데이터를 연계하여 생성되고 이들은 다양한 선택절차에 의하여 결정된다(일 교통분포도의 우선 선택, 교통분포도의 이벤트 기반 선택, 통계기법 선택, 사전 정의된 기준분포도 선택, 교통분포도의 상황 기반 선택, 실제 교통데이터 Pattern-Matching, 부록 A.1).

상황기반 선택(실제 상황 기반)과 Pattern-Matching(실제 교통데이터 기반)은 단지 중기 예측과 속도 및 교통량 예측에 활용된다.

기법의 상세한 설명은 부록 A를 참고한다.

4.22.1.1. 교통분포도

시간적인 변화를 표현하기 위해 분포도가 활용된다. 점을 단속적 시간순서로 표현하는 시계열에 비하여 분포도는 모든 시점에 대한 (지속적인) 평가가 가능하다. 분포도는 수학적 근사치나 보간법에 의하여 표현된다. 따라서 분포도는 다수의 좌표와 수학적 기법에 의하여 정의된다.

4.22.1.2. 이력 교통분포도

교통지표의 시간적 추세는 다양한 요인에 영향을 받는다. 동일한 요일 특성일 경우 (주중, 휴일) 유사한 교통추세를 확인할 수 있다. 반복되거나 예측 가능한 이벤트, 예를 들어 전시회 또는 스포츠 등의 경우 평소 교통추세에서 유사한 변화가 관측된다. 이력 분포도는 일별 이벤트나 상황에 따른 교통지표의 시간적인 변화를 설명한다. 수동으로 입력되거나 유사한 교통추세를 갖는 여러 날의 측정값 융합을 통한 "인공지능" 기능을 활용한다. 방향별로는 속도와 교통량의 이력분포가, 교차로에 대해서는 회전교통량이 관리되고 저장된다. 이때 이력분포도는 방향별 또는 교차로별 이벤트 기준으로 분류, 즉 방향별 또는 교차로의 상황 및 이력분포 간에 상관관계가 존재한다. 상황의 다양한 특성에 따라 (전문 전시회, 일반 박람회) 다양한 교통파급 현상이 발생한다. 따라서 하나의 예측대상(방향별 또는 교차로별)에 대하여 상황별로 다수의 교통분포도가 관리된다. 분포도 선택 지원을 위하여 하나의 분포도가 표준분포도로 선택된다. 추가적으로 모든 이력 분포도에 대하여 상황 발생 시 얼마나 적합한 결과를 도출하였는지, 즉 방향별 또는 교차로별 교통흐름을 잘 묘사하였는지가 관리된다.

모든 방향별에 대하여 교통지표 Q화물차, Q차량, V승용차와 V화물차의 절대와 상대 이력 분포가 관리된다. 절대 분포도로부터 해당되는 교통자료가 직접 결정된다. 일 이벤트에 대한 모든 이력 분포는 절대 분포이다. 상대 분포는 변형된 분포로서 절대 분포의 시간에 따른 변화를 설명한다. 변화는 퍼센트(multicative) 또는 양(additive)으로 표현된다.

4.22.1.3. 다양한 기법의 융합으로서 분포도 예측

분포도 예측 결과는 목표 시간대에 대하여 다양한 기법 결과로부터 융합된 예측 분포도의 그룹이다(측정값 처리, 분석값, 분포도 선택을 통한 중기 예측, 일 분포도 우선선택, 분포도 이벤트 기반 선택 등).

예측되는 시간대는 다수의 세부시간대로 세분화된다. 실제 시점까지의 시간대에는 실제 측정된 값(분석값)이 예측결과로서 활용된다. 실제 시점에서 중기예측 시점까지는 예측을 위하여 중기 분포도 선택이 활용된다. 중기 예측시점 이후에는 장기 분포도 선택이 활용된다.

4.22.2. 지표

분포 예측은 입력자료로서 Q승용차, Q화물차, Q차량, QB, V승용차, V화물차, V차량과 일 이벤트, 실제 상황과 이력 분포가 활용된다.

4.22.2.1. 변수

분포 예측은 변수화된다. 고려되는 예측대상, 고려되는 지표, 예측 시간대와 다양한 한계값, 분포도의 실제화 또는 융합에 대하여 변수를 자유롭게 조정할 수 있다.

결과로서 기법은 모든 예측되는 지표(Q승용차, Q화물차, Q차량, Q설계, V승용차, V화물차와 V차량)에 대하여 목표 시간대의 예측치 분포도를 산출한다.

4.22.3. 경험

4.22.3.1. 적용 지역

여기에 설명된 기법의 이전 버전으로서 Hessen 교통관제센터 전체 교통망에 적용 중이다. NRW, Rheinland-Pfalz와 Baden-Wuertemberg에 적용 예정이다.

4.22.3.2. 실제 경험

품질은 교통분포도의 우수성과 관련이 있다. 교통분포도는 지속적으로(자동으로) 작성된다.

4.22.3.3. 시사점

교통분포 예측은 Hessen 교통관제센터에서 일상적인 운영에 있어서 중요하고 신뢰성 있는 시스템으로 평가받고 있으며, 특히 기 예정된 도로폐쇄나 공사 시 교통파급 효과 분석에 유용하게 적용되고 있다. 교통분포도의 관리는 자동 갱신을 위하여 교통엔지니어에 의하여 정기적으로 수동으로 이루어진다. 교통엔지니어는 자동으로 설정되지 않는 교통분포도를 검증하고 수동으로 분류한다.

4.23. AK VRZ 정체파급 분석

4.23.1. 기법 개요

정체파급 분석의 목적은 정체된 영역 내에서 정체파급을 산출하고 분석하는 것이다. 이는 정체된 구간에서 차량 손실시간의 산출과 정체파급 추정을 포함한다. 정체파급 분석은 정체대상 확정과 정체파급 예측의 부분기능으로 구성된다.

정체대상 확정에서는 정체가 공간적인 확산과 함께 확인된다. 여기에는 교통흐름을 확인하기 위한 다양한 기법의 돌발지수가 분석되고 종합된다.

정체파급 예측에서는 정체된 차량수의 시간적인 추세가 예측된다. 여기에는 진출하는 교통량과 진입하는 교통량 간의 평형관계가 분석된다. 예측으로부터 추가적인 정보가 도출된다. 여기에는 정체의 손실시간과 공간적 확산의 시간적인 추세가 포함된다.

정체대상 확인을 통하여 파악된 정체대상과 이들의 특성에 기반하여 변수화된 예측 시간대에 대한 정체추세 예측이 수행된다. 예측의 핵심은 진입교통량과 도로 병목구간의 용량 간의 평형관계이다. 전체 예측 시간대에 대하여 정체된 차량대수가 누적되고 이로부터 정체길이 확산과 손실시간이 산출된다.

기법의 상세한 내용은 부록 B에 제시되었다.

4.23.1.1. 진입교통량 산출

정체파급 예측을 위하여 전체 예측기간에 대하여 분포 예측을 활용하여 진입교통량이 결정된다. 여기에는 정체 전방 다음에 위치한 측정단면의 상류부 정체가 결정된다. 만일 다음 근거리에 위치한 고속도로 JC까지 측정단면이 없을 경우 대신에 정체의 첫 번째 측정단면의 하류부가 대상이 된다. 해당하는 측정단면에 대하여 전체 예측 시간대에 대한 설계 교통량에 대한 분포 예측이 수행된다.

실시간 측정데이터는 정체 내에서 측정되지 않았을 경우에만 분포 예측에 활용된다. 선택된 측정단면이 정체 내에 존재하지 않고 측정단면과 정체구간 간 영역에 진출입 교통량을 측정하는 연결로가 있을 경우 여기에 예측되는 교통량은 적절하게 고려되어야 한다. 연결로 후방의 교통분포도는 진출입 교통분포도의 차이를 고려한 연결로 전방의 교통분포도를 더해서 산출한다. 정체 내 연결로의 진출입 교통량을 고려하기 위하여 진출입구에 예상되는 교통량을 산출하고, 지금까지 산출된 진입교통량의 교통분포도를 더하거나 감하도록 한다.

정체 내 진출입구에서 예측되는 교통량 산출을 위하여 개별 진출입구에 대한 분포 예측이 수행되고, 교통량 관측치는 변수화된 시간대에 대하여 선형 버퍼링을 거쳐 예측되는 교통분포도에 조정된다. 이를 통하여 실시간의 실제 관측치를 포함하며 변수화된 버퍼링 시간 이후에 예측 분포에 상응하는 교통분포도가 생성된다.

4.23.1.2. 병목구간 용량 산출

예측 시간대에 대한 진입교통량의 산출 이외에 모든 정체의 병목구간 용량의 결정이 필요하다(하류부로 최대 진출할 수 있는 최대 차량대수). 병목구간 용량은 다음과 같이 산출된다.

- 타당한 교통량을 제시하는 정체 후방과 다음에 위치한 고속도로 JC이나 고속도로 종점 전방에 위치한 측정단면의 하류부를 찾는다.
- 이러한 방법으로 병목구간 용량이 산출될 수 없을 경우 실제 교통기초도로부터 산출된다. 나아가 전체 예측 시간대에 대하여 병목용량은 일정한 것으로 가정한다.

4.23.1.3. 정체확산 산출

예측의 핵심은 진입교통량과 도로 병목구간 용량간의 평형관계이다. 전체 예측 시간대에 대하여 고정된 단계별로 반복된다. 단계는 매 주기당 반복 횟수로부터 나누어진 정체대상 확인 주기로부터 산출된다. 매 반복단계마다 정체길이와 손실시간의 예측값이 산출된다. 모든 반복단계 k에 대하여 진입교통량과 병목용량의 차이로부터 예측 단계별로 환산된 정체된 차량대수가 산출된다. 이로부터 차량 길이를 곱하고 차로수를 나누어 정체길이의 증가가 계산된다.

정체 내 차로수가 변경될 경우 연장변화 산출에서 적절하게 반영된다.

전체 예측 시간대에 대하여 지체된 차량대수가 누적되고 이로부터 정체길이의 예측분포와 손실시간의 예측분포가 산출된다. 다음에는 정체 해소 시점이 예측된다. 최대 정체길이, 이에 따른 손실시간과 최대 손실시간의 산출은 정체길이와 손실시간의 예측분포에 의하며 예측 시간대만을 고려한다.

4.23.2. 지표

도로망 정체 위치와 정체대상길이 등 정체대상 확인과 관련된 내용들이 처리된다. 여기서 입력자료로서 정체대상 확인 주기시간, 도로의 지리적 관계, 도로 세부구간과 측정단면, 설계교통량 $Q_{설계}$에 대한 교통분포도 예측결과, 개별 도로 세부구간의 교통기초도로부터의 최대교통량 Q0, 정체 내 도로세부구간의 차로수와 개별 측정단면의 설계교통량의 분석값이 고려된다.

정체파급 예측의 출력자료는 대부분 정체위치와 정체확산, 최대 손실시간, 최대 정체길이 시점과 정체해소 시점이다.

4.23.2.1. 변수

정체파급 예측의 변수는 예측시점, 주기당 반복수, 정체 내 병목용량과 정체 내 승용차 기준 정체길이이다.

4.23.3. 경험

4.23.3.1. 적용 지역

AK VRZ 정체파급 분석은 Hessen 교통관제센터 전체 교통망에 적용 중이다. NRW, Rheinland-Pfalz와 Baden-Wuertemberg에는 시범운영 중이다.

4.23.3.2. 실제 경험

기법은 2개의 오류가 있었는데 ASDA/FOTO 기법에 의하여 제거되었다.

- 정체 형태(병목지역에서의 정적 지체)와 지속되는 정체(정체 전방이 운행방향과 반대로 이동)를 구분하지 못하여 정체파급 분석은 이동하는 정체만을 추적한다.
- 정체파급 분석은 정체가 측정단면에서 검지되지 않을 경우 바로 정체 추적을 종료한다. 이에 반하여 ASDA/FOTO는 진출입 교통량이 측정될 경우 이미 알려진 정체는 지속적으로 예측한다.

4.23.3.3. 시사점

정체파급 분석은 2000년 초반부터 Hessen 교통관제센터에서 운영 중이며, 신뢰성 있는 정체정보를 제공한다. 이 정보는 TMC를 통하여 방송으로 제공된다. 또한 정체는 Hessen 교통센터 내부적으로 디지털 지도에 표현된다. 면밀한 초기 변수 설정이 이루어지면 매년 변수를 검증하는 것으로 충분하다.

향후 추가적인 정체정보에 대한 품질향상을 위하여 ASDA/FOTO(5.20)정보와의 융합이 계획되어 있다.

4.24. MONET, VISUM-online

4.24.1. 기법 개요

MONET과 VISUM-online은 교통모델, 상세한 교통망 모델, 검지기-와 FCD 데이터에 기반하여 교통망 상의 도로구간에 대한 방향별 교통상황을 분석한다. 실제 교통상황으로서 측정값으로부터 가장 작은 오차를 갖는 경로배정이 이용된다.

교통관리시스템에서 MONET/VISUM-online의 중요 과제는 전체 도로망상의 전체 교통흐름을 파악하는 것이다. 일반적으로 교통상황은 도로구간의 일부 지점에서만 측정이 된다. 대규모 교통망에 대하여 MONET/VISUM-online에서 추정이 된다. 다음과 같은 기법들이 적용된다.

- 통계적 분석과 고정과 이동 교통데이터의 가시화 및 다양한 export가 가능한 기법과 도구
- 실시간과 이력 교통량으로부터의 OD-매트릭스의 추정과 전수화 기법

- 이전에 산출된 OD-매트릭스와 실시간 수집 교통데이터의 정적 분석에 기반한 실제 교통상황 산출을 위한 확산기법
- (시간대별로 계산된) OD-매트릭스에 기반한 정적과 동적 경로배정 기법

MONET/VISUM-online은 전통적인 검지기로부터 수집되는 고정 검지기 데이터만을 활용하는 것은 아니다. 최근의 교통관제센터는 모바일 측정 데이터를 대폭적으로 활용하고 있다. FCD를 이용하여 분석－과 예측기법의 정확도를 획기적으로 개선할 수 있다. MONET/VISUM-online의 FCD-Harmonizer는 개별 차량으로부터 생성된 데이터를 직접 교통관제센터에서 활용토록 한다.

확산기법에는 하나의 측정단면에서 다양한 교통류로부터 수집된 교통량을 합친다는 개념에서 기초한다. 이들은 교통망 내의 측정단면의 전후방에서 분기된다. 여기에는 Path Flow Estimator가 이용된다. 이 기법은 원래 수요－추정문제 분야에서 발생하여 실제 교통데이터에 기반한 교통망 상의 교통상황을 산출하기 위하여 지속적으로 개발되었다. 이는 도로구간에서 측정된 관측치가 경로배정에서 산출된 모델값에 수렴할 때까지 정적 Equilibrium-Assignment 방정식을 반복하여 계산하게 된다. 실질적인 투입을 위하여 원래 기법은 예를 들어 수렴속도를 증가시키거나 오류가 있는 측정값을 보정하기 위하여 다양한 Heuristic 요소로 보완된다.

교통수요 정보는 OD-매트릭스 형태의 기법으로 고려된다. 이러한 매트릭스는 변수 세트로 주어지거나 실제 관측치에 보정된 매트릭스로서 가능한 기법의 결과물이다. 경로배정 계산으로부터 기법은 어떤 교통류로부터 관측치가 구성되는지 알 수 있다. 이를 통하여 교통망 상의 경로 상 개별 교통류의 비율을 확인할 수 있다.

시스템의 확산기법은 여러 기준 주기 동안 합리적으로 확산되는 대기행렬 영향을 동적으로 묘사할 수 있다. MONET/VISUM-online의 단기예측은 측정치의 분포예측과 이들의 확산에 기반한다. 결과적으로 여기에는 교통망 상황, 교통수요와 신고정보가 고려된다.

MONET/VISUM-online의 다양한 교통모델은 교통관리의 필수 기능인 실제 운행시간 정보를 제공한다. 예를 들어, FTMS와 같은 특별한 경우 MONET/VISUM-online은 ASDA/FOTO와 복합적으로 활용할 수 있다. 다양한 상태들은 ASDA/FOTO로부터 확인되는 것뿐만 아니라 시공간적인 확산도 추적된다. 이는 단기예측에 있어서 매우 중요하다.

4.24.2. 지표

입력자료는 방향별 다수 도로구간에서 측정된 교통량 Q, 선택적으로(추정의 정확도 제고를 위하여) V차량 평균속도, 측정된 LOS와 관측된 정체 정보이며, 선택적으로 개별 방향별 도로구간의 운행시간이다.

이외에 목적된 시간대의 용량감소(퍼센트 기준의 용량감소비율, 차로폐쇄 또는 속도 감소)가 반영된다.

출력자료는 모든 도로망 상에 포함된 도로구간의 교통량 Q, V차량 평균속도, 평균 운행시간과 LOS 및 보정된 OD 매트릭스이다.

4.24.3. 경험

4.24.3.1. 적용 지역

모델은 도시부 교통망 분석에 적절하다. 2003년부터 Berlin 교통관리센터에 도심부 교통망의 실제 교통상황과 단기예측을 위하여 운영 중에 있다. 15분 간격으로 이 교통모델과 실시간 검지기 데이터, 신고상황(공사, 행사)과 Floating-Car-Data에 기반하여 전체 교통망의 교통상황과 Berlin 주 주요 간선축에 대한 단기예측이 계산되고, 인터넷 www.vmzberlin.de를 통하여 공개된다.

4.24.3.2. 실제 경험

결과 데이터의 품질은 투입된 교통모델의 최신화와 품질(특히 네트워크 데이터와 교통수요)은 물론 네트워크 모델의 정확도(Connector 연결)와 검지기의 위치와 밀접한 영향이 있다. 또한 V/C 산출을 위한 설정된 도로용량과 정체길이 산출을 위한 알고리즘이 LOS 품질에 영향을 미친다.

4.24.3.3. 시사점

네트워크, 참고자료 관리와 적절한 용량의 도출은 대기행렬 추정에 있어서 알고리즘 이외에 큰 영향을 갖는다. 충분한 컴퓨터 계산 능력이 확보되어야만 짧은 시간 주기에 대한 모델 계산이 용이하다.

4.25. Koeln-Koblenz-알고리즘

4.25.1. 기법 개요

Koeln-Koblenz-알고리즘은 교통상황 분석을 위한 다양한 기법들을 포함한다.

- 교통상황분석은 MARZ-알고리즘에 비하여 추가적으로 정체분석이 포함된다.
- 모델 변수 분석은 이벤트 칼렌더 분석, 교통망 개별 도로구간의 용량분석과 개별 세부 교통망의 교통기초도-와 교통분포도 선택이 포함된다.
- 교통파급의 예측에 있어서 정체예측과 손실시간 산출은 구분된다.
- 원시데이터 처리에 있어서 원시자료 DB에 저장된 교통분포도와 교통기초도의 자동적인 처리와 자가 보정을 위한 기법들이 포함된다.
- 제어모델은 대상 교통망의 모든 도로구간의 운행시간 산출과 다수의 대책 노선에 대한 운행시간 비교를 통한 경로선택과 이로부터 도출된 교통정보 표시정보를 포함한다.

제어모델은 다음과 같은 모듈로 구성된다.

- 시스템에서 확보된 측정 데이터의 외부 공사정보의 검증
- 교통상황 산출
- 정체지수 도출
- 정체분석
- 용량산출
- 교통기초도 산출
- 교통분포도 산출
- 시공도를 활용한 다양한 경로의 운행시간 산출

이 모듈들은 부록 C 상세히 설명되었다.

4.25.2. 지표

표 4-26에 입력자료가 설명되었다:

표 4-26 Koeln-Koblenz 알고리즘 입력자료

약 어	사용 입력자료	단 위
a_{w}	차도폭원 경감계수	-
$a_{화물차}$	차선별 화물차-비율	%
$A_{화물차}$	화물차-비율	%
a_{ps}	화물차-비율과 경사 경감계수	-
a_{w}	기상 기준 차도면과 가시거리 경감계수	-
A_{bw}	기존 표준 교통분포도 평균값에 대한 신규 분포도의 평균값 오차율 %	%
w	차로폭원	m
O	점유율	%
K	지점 교통밀도	PCU/km
$k_{차량}$	차로별 지점 교통밀도	대/km
K_{opt}	최대 교통량 시 지점 교통밀도	PCU/h
$K_{정체}$	정체 내 밀도	대/km
$G_{비정체}$	정체지수 품질	-
$G_{정체}$	정체지수 품질	-
$L_{차량}$	평균 차량길이	m
$L_{정체}$	정체길이	km
$L_{구간}$	구간 길이	km
$n_{차로}$	차로수	-
$P_{비정체}$	비정체지수 품질 생산	-
$P_{정체}$	정체지수 품질 생산	-
$P_{scale.비정체}$	scale된 비정체지수 품질	-
$P_{scale.정체}$	scale된 정체지수 품질	-
$Q_{진출}$	진출 차량수	대
$Q_{설계}$	설계 교통량	PCU/h
$Q_{차이}$	Difference 교통분포도 교통량	PCU/h
$Q_{차이-old}$	Difference 교통분포도 기존값	PCU/h
$Q_{차이-new}$	Difference 교통분포도 신규값	PCU/h
$q_{병목}$	정체 영역 내 확보 가능 차로수 구분된 구간의 병목구간 용량	PCU/h
$q_{차량}$	교통량	대/h
$Q_{차량}$	전체 교통량	대/h
$Q_{q-v-old}$	표준 q-v-Diagram 기존값	PCU/h
$Q_{q-v-new}$	표준 q-v-Diagram 신규값	PCU/h
$q_{화물차}$	차로별 화물차-교통량	화물차/h

약 어	사용 입력자료	단 위
$Q_{\text{화물차}}$	화물차 - 교통량	화물차/h
$q_{\text{최대}}$	차로별 최대 교통량(용량)	PCU/h
$Q_{\text{최대}}$	최대 교통량(용량)	PCU/h
$Q_{\text{예측}}$	예측 교통분포도 교통량	PCU/h
$q_{\text{승용차}}$	차로별 승용차 - 교통량	승용차/h
$Q_{\text{승용차}}$	승용차 - 교통량	승용차/h
Q_{s}	연결로 진출입 교통량 차이	대
$q_{\text{포화}}$	차로별 포화 교통량	PCU/h
$Q_{\text{표준교통분포}}$	표준 교통분포도 교통량	PCU/h
$Q_{\text{표준교통분포 - old}}$	표준 교통분포도 기존 값	PCU/h
$Q_{\text{표준교통분포 - new}}$	표준 교통분포도 신규 값	PCU/h
$Q_{\text{진입}}$	진입 차량수	대
S	도로 종단 경사	%
$S_{\text{차량}}$	속도 표준편차	km/h
t_{net}	순수 차두간격	s
$t_{\text{운행}}$	운행시간	min
$t_{\text{손실}}$	정체 내 손실시간	s
V_{free}	자유 교통류 내 속도	km/h
$v_{\text{차량}}$	차로별 평균 차량 - 속도	km/h
$V_{\text{차량}}$	평균 차량 - 속도	km/h
$V_{\text{수준}}$	속도 수준	-
$V_{\text{수준 - 폭}}$	속도 수준 범위	km/h
$v_{\text{화물차}}$	차로별 평균 화물차 - 속도	km/h
$V_{\text{화물차}}$	평균 화물차 - 속도	km/h
$V_{\text{최대정체}}$	정체 내 최대 설정 속도	km/h
$V_{\text{최적}}$	최대 교통량 시 속도	km/h
$v_{\text{승용차}}$	차로별 평균 승용차 - 속도	km/h
$V_{\text{승용차}}$	평균 승용차 - 속도	km/h
$V_{\text{정체}}$	정체 내 속도	km/h
$V_{\text{비정체}}$	정체지수 신뢰도	-
$V_{\text{정체}}$	정체지수 신뢰도	-
$Z_{\text{비정체}}$	정체지수 소속도	-
$Z_{\text{정체}}$	정체지수 소속도	-
α_{Diff}	자체 검증 시 신규 Difference 교통분포도 추가 배정을 위한 평활화 계수	-

약 어	사용 입력자료	단 위
$\alpha_{교통분포}$	자체 검증 시 신규 교통분포도 추가 배정을 위한 평활화 계수	-
$\alpha_{예측}$	예측 교통분포도 산출을 위한 Damping 계수	-
$\alpha_{q\text{-}v}$	자체 검증 시 신규 q-v-Diagram 신규 값 추가배정을 위한 평활화 계수	-
$\triangle L_{정체}$	정체길이 변화	km
△N	평형분석 시 차량수 변화	대
△Q	예측 교통분포도 산출 시 교통량 차이	PCU/h
△t	시간 차이(예측 기준－실제 시간)	H

4.25.3. 경험

4.25.3.1. 적용 지역

Koeln-Koblenz-알고리즘은 Rheinland-Pfalz와 NRW에서 운영 중이다.

첫 번째 투입은 BAB A3, A4, A48과 A61고속도로에 걸친 Koeln-Koblenz에 설치되었다. 시범운영이 성공적으로 마무리될 경우 인접 교통망으로 확충될 계획이다.

4.25.3.2. 실제 경험

기법은 얼마 전부터 시범운영 중이다. 운전자들에게 보이지 않는 표시정보, 즉 Blind-test로서 분석 중이다. 결과는 필요한 DB가 구축되었을 경우 안정적인 것으로 나타났다. 특히 교통분포도와 교통기초도의 자동적인 수집은 모든 도로구간에 대하여 필요한 정보를 포함해야 한다. 데이터의 품질, 수집, 공사정보 등은 가능한 한 효율적이고 완벽해야 한다.

모든 VMS가 설치된 후 단기간의 시범운영을 거쳐 정상운영을 전환될 예정이다.

4.25.3.3. 시사점

정체예측기법은 AK VRZ에 의한 정체파급 예측에 기반하나 좀 더 정밀하다. 기법은 정체의 이동을 고려하지 않아 교통축 관제시스템에는 적절하지 않고 정체의 정확한 위치 추적이 그리 중요하지 않은 30분 이상의 경로기준 운행시간이 필요한 교통망 교통관리시스템에 더 적절하다.

4.26. 단순 교통망 제어모델

4.26.1. 기법 개요

단순 교통망 제어모델은 소규모 교통망과 지점별, 좁게 제한된 문제영역의 교통상황을 산출하는 데 적합하다. 그러나 원칙적으로 큰 교통망 상에서도 적용이 가능하다.

필요한 알고리즘은 부록 D에 상세히 설명되었다.

4.26.2. 지표

4.26.2.1. 입력자료와 출력자료

표 4-27에 입력자료가 설명되었다.

4.26.2.2. 변수

한계값은 모든 측정단면에 대하여 선택적인 변수화가 가능해야 한다. 표 4-28과 표 4-29의 변수는 초기 설정값을 추천한다.

4.26.3. 경험

4.26.3.1. 적용 지역

단순 교통망 제어모델은 NRW과 Sachsen-Anhalt와 Suedbayern에서 운영 중이다. Rheinland-Pfalz에서 도입 예정이다.

첫 번째 투입은 BAB A1, A3와 A4 고속도로에 걸친 Koeln Ring에 설치되었다. 시범운영이 성공적으로 마무리될 경우 인접 교통망으로 확충될 계획이다.

4.26.3.2. 실제 경험

모델이 Koeln-Koblenz 알고리즘과 동시에 시험되고 있기 때문에 이 모델에 대한 실제적인 경험 자료는 제시되지 않고 있다.

4.26.3.3. 시사점

단순화된 기법은 예측이 없이 운영되어 교통상황 평가에 있어서 개별 정상과 대책경로에 대하여 실제 교통상황을 이용한다. 따라서 30분 미만의 경로기준 운행시간인 소규모 교통망에 적용이 적절하다. 대규모 교통망의 경우 교통망 통과시간 동안에 교통상황이 급격히 변하여 우회안내 결정이 만족스럽지 못할 결과를 초래할 위험이 있다.

표 4-27 단순 교통망 제어 모델 입력자료

약 어	사용 입력자료	단 위
$O_{\text{차로1}}$	우측 차로 점유율	%
n_{Ak}	대안경로 k의 정체대상 수	-
n_{N}	정상경로 k의 정체대상 수	-
$Q_{\text{예측,설계}}$	예측되어진 설계 교통량	PCU/h
$Q_{\text{예측,차량}}$	예측되어진 차량-교통량	대/h
SI (i)	구간 i의 정체지수	-
SL (i,N)	정상경로 N의 i-번째 정체길이	km
SL (i,Ak)	k-번째 대안경로 N의 i-번째 정체길이	km
$t_{\text{운행시간}}$ (i)	도로구간 i의 운행시간	min
$v_{\text{차로1}}$	우측 차로 평균 속도	km/h
$V_{\text{예측,화물차}}$	평균 화물차-속도	km/h
$V_{\text{예측,차량}}$	평균 차량-속도	km/h
$V_{\text{예측,승용차}}$	평균 승용차-속도	km/h

표 4-28 단순 교통망 제어모델 작동 기준값

약 어	사용 입력자료	단 위
O_{on}	알고리즘 5 임계값	%
$O_{\text{단계},{}^{on}_{off}}$	알고리즘 2 임계값	%
$L_{k1,{}^{on}_{off}}$	1단계 k 경로 알고리즘 6 임계값	-
$Q_{\text{평활,단계1,on}}$	알고리즘 1 임계값	대/h
$Q_{\text{설계,단계1,on}}$	알고리즘 3 임계값	PCU/h
$Q_{\text{차량,단계1,on}}$	알고리즘 4 임계값	PCU/h
SL최대$_{k1,on}$	1단계 k 경로 최대정체길이 알고리즘 5 임계값	km
$V_{\text{Diff,단계1,on}}$	알고리즘 1 임계값	km/h
$V_{\text{차량,단계1,on}}$	알고리즘 1 임계값	km/h
$V_{\text{설계,단계1,on}}$	알고리즘 2 임계값	km/h

표 4-29 단순 교통망 모델 종료 기준값

약어	사용 입력자료	단위
O_{off}	알고리즘 5 임계값	%
$O_{단계,off}$	알고리즘 2 임계값	%
$L_{k1,off}$	1단계 k 경로 알고리즘 6 임계값	-
$Q_{설계,단계1,off}$	알고리즘 3 임계값	PCU/h
$Q_{차량,단계1,off}$	알고리즘 4 임계값	PCU/h
$S_{L최대k1,on}$	1단계 k 경로 최대정체길이 알고리즘 6 임계값	km
$V_{차량}$	알고리즘 1 임계값	km/h

4.27. Polydrom

4.27.1. 기법 개요

Polydrom은 거시적, 다 수단간 교통류 모델로서 실제 교통상황을 추정하는 데 적용된다. Polydrom은 OD 매트릭스를 교통관제센터의 정보로서 단기예측을 수행하기 위하여 실제 교통관측치를 보정한다. 우회정보안내가 시뮬레이션되고 이들의 교통흐름에 대한 영향이 평가되어 마지막에는 도로망 상에 교통량 균형을 이루며 과포화 구간을 방지하기 위한 자동적이며 사전 조치로서 표시정보들이 구현된다.

Polydrom은 교통관제센터 내에서 단기예측을 수립하기 위하여 online-Simulation으로 투입된다(실시간, 15, 30, 60분과 120분 기준). 이력데이터의 off-line 이용도 가능하다. 추가적으로 소음과 유해물질 배출도 시뮬레이션되어 배출량을 추정할 수 있다.

4.27.2. 지표

4.27.2.1. 경험

- 교통망 특성(교차로, 차로수, 용량, 자유교통류일 경우 속도, 병목구간 비용, 검지기-정보)
- VMS 정의 : 위치, 경로정의, 수용률 등 프로그램 정보
- 실제 관측치(Q, v)
- 교통정보
- 선택적 FCD

- 선택적 OD 매트릭스(모델 보정을 위한 초기 설정값)
- 선택적 교통분포도(Q, v)
- 선택적 배출계수

4.27.2.2. 출력자료

실시간 값과 15, 30, 60과 120분 예측 기준

- 도로용량편람(HBS)에 따른 6단계 LOS
- 교통데이터(Q, v, D)
- 운행시간
- OD-매트릭스
- 정체길이와 정체손실시간
- 배기가스

출력자료로부터 "복합적 정체정보 기반 동적가변교통안내시스템(dWiSta)"을 위한 단순한 heuristic한 표시정보 추천이 이루어진다. 시나리오 비교를 통하여 다양한 표시정보 표출에 따른 파급효과를 예측할 수 있고 이로부터 최적의 표출 표시정보를 결정한다. 이외에 데이터로부터 센서 품질을 위한 (입력자료와 계산된/평형된 출력 교통데이터와의 비교) 예측이 도출된다.

4.27.3. 경험

4.27.3.1. 적용 지역

Baden-Wuerttembeg에서 Polydrom은 논리적 조건을 통하여 "복합적 정체정보 기반 동적가변교통안내시스템" 제어를 위하여 Leonberg/Walldorf(정상경로: BAB A 6, A 81; 대체경로: BAB A 5, A 8)에 투입되었다.

추가적인 적용 지역은 Zuerich와 (www.zuerichtraffic.ch)와 스위스 지역사무소 EXPO 02.의 교통상황 분석에 예정되어 있다.

4.27.3.2. 실제 경험

Baden-Wurttemberg에서 Polydrom은 2008년 이래 우회경로 생성에 효율적으로 적용되고 있으며 dWiSta-VMS에 정적 정보표출과 함께 이용되고 있다.

Baden-Wuerttemberg의 Polydrom은 외부적 여건으로 인하여 Leonberg-Walldorf의 교통망 제어에 완전히 적용 중이지는 않다. 그러나 지금까지 실제 운영 경험을 토대로 교통상황 분석, 표시정보 추천과 오작동 여부는 전반적으로 긍정적인 것으로 평가되고 있다. 최종 평가는 앞에서 언급된 이유로 아직 완료되지 않은 상황이다.

4.27.3.3. 시사점

원칙적으로 Polydrom은 변수 초기설정으로 타당한 결과를 도출한다. 최적 운영을 위하여 용량, 자유 교통류일 경우 속도의 상세한 변수화가 필요하다. 이때 Polydrom은 변수 변경에 있어서 매우 민감하게 반응한다. 또한 교통망의 정확하고 완벽한 재현이 Polydrom을 위한 가장 중요한 요소이다.

4.28. 종합 결론

표 4-30에 독일과 오스트리아에서 투입 중인 모든 기법들이 정리되었다.

표 4-30 교통상황 분석 투입기법

	Schleswig-Holstein	Hamburg	Bremen	Mecklenburg-Vorpommen	Brandenburg	Berlin	Nidersachsen	Sachsen-Anhalt	Thruengen	Sachsen	Hessen	NRW-Westfalen	NRW-Rheinland	Rheinland-Pfalz	Saarland	Baden-Wuerttemberg	Nordbayern	Suedbayern	ASFINAG(Oesterreich)
MARZ AID	×	×	×	×	×	×	×	×	×	×	×	×	×	×	×	×	×	×	×
AK VRZ VKdiff										×5				×		×**			
MARZ Uns표		×	×		×	×	×	×	×	×		×	×	×		×		×	×
Dynamic Fundamental Diagramm																×			
Kalman-Filtering																			
INCA																	×	×	
AIDA																	×		
Fuzzy													×			×**			
MARZ Truck		×			×	×	×1	×	×	×		×6	×6	×	×	×	×	×	×
저속 화물차									×										
Rain		×	×	×	×	×2	×	×	×	×	×	×	×	×	×	×	×	×	×
Fog		×	×	×	×	×2	×		×	×	×	×	×	×		×	×	×	×

	Schleswig-Holstein	Hamburg	Bremen	Mecklenburg-Vorpommen	Brandenburg	Berlin	Niedersachen	Sachsen-Anhalt	Thruengen	Sachsen	Hessen	NRW-Westfalen	NRW-Rheinland	Rheinland-Pfalz	Saarland	Baden-Wuerttemberg	Nordbayern	Suedbayern	ASFING(Oesterreich)
Noise																			×
Emission Control		×4																	×
PM Algorithm																			×
Simple Travel Time Model			×							×				×7			×		×
Travel Time Model with Deterministic Congestion Model														×					
ASDA/ FOTO											×						×		
Network Forecasting Model								×				×*	×*	×					
AK VRZ Time Series Forecasting												×*	×*	×7		×**			
AK VRZ Congestion Propagation Analysis											×	×	×	×7		×**			×
Visum-online MONET						×3													
Koeln-Koblenz Algorithm											×*	×*	×*						
Simple Network Control Model		×2						×			×*	×*	×	×		×			
Polydrom																×			×**
교차로 교통여건											×	×	×					×	

×* 기법 정규 운영 미시작 ×** SW 구축, 정규 운영 미시작 ×1 기법 Nidersachsen 수정 적용; 세부 사항 설문지 ×2 운영자 작동 이미지 제안 ×3 교통관제시스템 적용이 아닌, 교통현황 분석 위주	×4 터널만 적용(open loop) ×5 화물차만 적용 ×6 화물차 비율이 아닌, 화물차 대수와 승용차-화물차 차이 ×7 자율적, 최적화 기법

제 05 장 상황평가

5.1. 상황

5.1.1. 정의

하나의 상황은 하나의 단속된, 공간적으로 부속된 (교통여건이나 기상조건) 상황이나 품질수준 또는 신뢰성(결과값 수준)을 위한 부속된 예측의 명확한 유형과 기법의 (교통여건이나 기상조건)의 예측을 설명한다.

따라서 하나의 상황은 다음의 함수이다.

상황 = f(유형, 단속적 상황(유형), 공간적 소속, 결과값 수준, 기법수준)

5.1.2. 유형

기법의 결과는 상황에 대하여 묘사하며, 이때 상황은 구체적인 유형을 갖게 된다. 이 유형은 상황평가를 위하여, 즉 다수의 동시에 설정된 상황을 비교하기 위하여 활용된다.

다음과 같은 유형으로 구분된다(필요에 따라 보완되거나 변경될 수 있음).

- 운행시간
- LOS(돌발지수)
- 진입교통량(본선구간의 억제교통류에서 제한 교통류와 동시에 진입로 높은 교통량)
- 불안정 교통류

- 화물차 – 비율
- 노면상황(습윤)
- 가시거리
- 풍향
- 풍속
- 노면상황(미끄럼)
- 저속 차량
- 앞뒤 차간 좁은 차두간격
- 앞뒤 차간 속도 차이

5.1.3. 단속적 상황

상황 유형을 위하여 기법으로부터 산출된 상황 유형과 관련된 결과값이 단속적 상태로 묘사된다. 모든 유형에 대하여 상태의 여러 리스트들이 정의된다. 상태의 명확한 규정은 동일한 유형에 대하여 다수의 동시에 발생한 상황을 비교하기 위한 것이며, 이는 결과된 상황을 산출하기 위한 것이다.

다음과 같은 상태들이 개별 유형들로 구분된다(표 5 – 1).

표 5 – 1 상황 유형별 상태

상황 유형	상태(낮은 우선순위 → 높은 우선순위)
운행시간	정상, 지체, 매우 지체
LOS(돌발지수)	자유 교통류, 제한 교통류, …, 정체
진입률	대기 검지기까지 대기 발생/ 미발생
불안정 교통류	없음, 낮음, 중간, 높음
화물차 – 비율	낮음, 중간, 높음
노면 상황(습윤)	건조, 습윤 1, …, 습윤 4
가시거리	제한 없음, 약간 제한,…, 매우 제한
풍향	운행방향, 횡방향
풍속	고요, 풍속 1,…, 풍속 N
노면 상황(결빙)	미결빙, … 결빙
저속 차량	없음, 있음
선후 차량 짧은 차두간격	No, Yes
선후 차량 속도 차이	적음, 중간, 높음
…	…

교통기술적인 상태에 추가하여 모든 상황 유형에 있어서 동일한 낮은 우선순위를 갖는 상태들은 "산출 불가"와 "데이터 미수집"으로 구분한다.

5.1.4. 공간적 소속

특정 상황 유형의 상태의 공간적 부속은 시스템의 기준이 되는 지점 대상에 근거하여 이루어진다. 다음과 같은 공간적 소속들이 교통관제센터 기본시스템 데이터 모델의 지점 대상으로 구분된다(BSVRZ).

포인트 : 측정장소(측정단면, 센서, 등)

구간 : 도로구간(시종점 연계)

망 : 구간의 임의적 조합

지역 : 공간적 지역, 임의적 확충, 인프라 요소와 비연계

5.1.5. 결과품질

결과품질은 활용된 입력자료에 기반하여 기법 관점에서 산출된 상태가 얼마나 "양호"한지를 결정한다. 따라서 기법의 품질을 평가하지 않는다.

기법이 완벽하고 정확한 것으로 평가될 수 있는 입력자료에 기반하여 결과값을 산출하면 출력자료의 품질은 1이다. 출력자료가 이미 보간되었거나 또는 부분적으로만 확보된 입력자료에 기반할 경우 출력자료의 품질은 낮다(0… <1).

5.1.6. 기법품질

활용된 기법의 품질은 기법품질에 따라 0(나쁨)에서 1(아주 좋음) 사이로 결정된다.

5.1.7. 기법

상황에는 활용된 기법이 병기되어 추후 단계에서 필요할 경우 추가적인 평가기준이나 작동결정 프로토콜 작성에 활용될 수 있도록 한다.

5.2. 평가기법

5.2.1. 목적

상황평가에서 상황들은 동일한 유형이나 동일한 공간적 소속으로 정확하게 하나의 결과된 상황으로 종합된다.

5.2.2. 상황평가 사례 기법

상태들의 중첩은 상태의 우선순위와 결과품질과 활용된 기법의 품질을 고려하여 이루어진다.

다음에는 2개의 기본 기법과 사례 데이터가 설명된다.

참고 : 사례 데이터는 의식적으로 설명된 기법의 알고리즘이 명확하게 되도록 선택되었다. 실제에 있어서 이러한 모순된 결과 데이터는 발생하여서는 안 된다. 이러한 경우 측정데이터와 기법은 검증되어 명확하게 오류가 있는 입력자료를 복잡한 알고리즘에 대하여 상황평가 시 "수정"을 시도해서는 안 된다.

대책 A : 상황의 산출과 선택은 다음과 같이 수행된다:

1. 결과품질 > 변수화된 품질한계 결과 품질한계일 경우인 상황들만 고려된다.
2. 기법품질 > 변수화된 품질한계 결과 기법한계일 경우인 기법들만 고려된다.
3. 다수 결과가 동일할 경우 결과품질과 기법품질로부터의 생산이 최대가 되는 상황을 선택한다.
4. 다수 결과가 동일할 경우 높은 상태우선순위를 갖는 상황이, 동일한 상태우선순위일 경우 높은 기법품질이 반영된다.

대책 B : 상황의 산출과 선택은 다음과 같이 수행된다.

1. 대책 A, 1과 동일
2. 대책 A, 2와 동일
3. 가장 높은 상태우선순위를 갖는 상황이 선택된다.
4. 다수 결과가 동일할 경우 결과품질과 기법품질로부터 생산이 최대가 되는 상황을 선택한다.

다음 사례는 대책 A와 B에 따른 상황평가를 위한 도출된 상황의 산출을 설명한다.

사례 데이터

동일한 공간적 부속을 갖는 유형의 산출된 상황

S1(습윤, 습윤1, 장소1, 결과품질 1.0, 기법 A (기법품질 1.0))

S2(습윤, 습윤2, 장소1, 결과품질 1.0, 기법 A (기법품질 1.0))

S3(습윤, 습윤3, 장소1, 결과품질 0.8, 기법 B (기법품질 0.5))

S4(습윤, 습윤4, 장소1, 결과품질 0.4, 기법 C (기법품질 1.0))

S5(습윤, 습윤4, 장소1, 결과품질 0.5, 기법 D (기법품질 0.8))

S6(습윤, 습윤4, 장소1, 결과품질 0.8, 기법 B (기법품질 0.5))

결과품질한계 = 0.5

대책 A 계산

1. 결과품질 < 결과품질한계이므로, S4는 미고려
2. 품질생산
   a. S1 = 1.0
   b. S2 = 1.0
   c. S3 = 0.4
   d. S4 = 미고려
   e. S5 = 0.4
   f. S6 = 0.4
3. 결과품질과 기법품질의 생산은 S1과 S2에서 가장 크다.
4. S2는 S1과 S2 두 개의 결과에서 더 높은 상태우선순위를 갖는다.
   → 상황평가의 결과는 S2(습윤, 습윤2, 장소1, 결과품질 1.0, 기법 A(기법품질 1.0))

대책 B 계산

1. 결과품질 < 결과품질한계이므로, S4는 미고려

2. 품질생산
   a. S1 = 1.0
   b. S2 = 1.0
   c. S3 = 0.4
   d. S4 = 미고려
   e. S5 = 0.4
   f. S6 = 0.4
3. 결과품질과 기법품질의 생산은 S5과 S6에서 가장 크다.
4. S5와 S6는 결과품질과 기법품질로부터 동일한 생산을 갖는다. 그러나 S5가 가장 높은 기법품질을 갖는다.
   → 상황평가의 결과는 S5(습윤, 습윤4, 장소1, 결과품질 0.5, 기법 D (품질 0.8))

5.3. Fuzzy - AID

5.3.1. 기법 개요

Fuzzy - AID 기법은 기존과 Fuzzy-기반한 요소를 포함하는 (Hybrid - 가정) 다단계 분석과정에 기반하여 대상 도로구간의 돌발을 감지한다. 이는 인접한 나아가 서로 연결된 측정단면 간의 자동화된, 구간 단위 돌발초기감지를 수행한다. 이외에 교통축 관제시설의 적용을 위한 추가 모듈에 적절하다.

이 기법은 교통상태에 관한 예측을 도출하기 위하여 다양한 기법의 결과를 이용함으로써 상황평가기법으로 간주된다. 돌발 감지를 위하여 하나의 개별적인 분석기법만을 투입하지 않는 다양한 이유가 있다. 돌발은 모든 3개의 측정값(q, k, v)이 무조건 동시에 변화되지는 않는다. 따라서 다양한 분석모델을 적용하는 것이 바람직하다. 이러한 경우들에 신속하거나 민감성을 갖는 다양한 분석기법의 결과를 보다 효율적으로 활용하기 위하여 분석기법의 결과들은 Fuzzy - 이론으로 연계된다. 이 연계의 결과는 하나의 돌발에 대한 지수(확률)이다. 이러한 분석기법의 장점은 개별 분석기법의 상충될 수 있는 결과들이 하나의 결과로 종합될 수 있다는 것이다. 기법은 시설의 설치요구에 따라 개별적으로 구성된다.

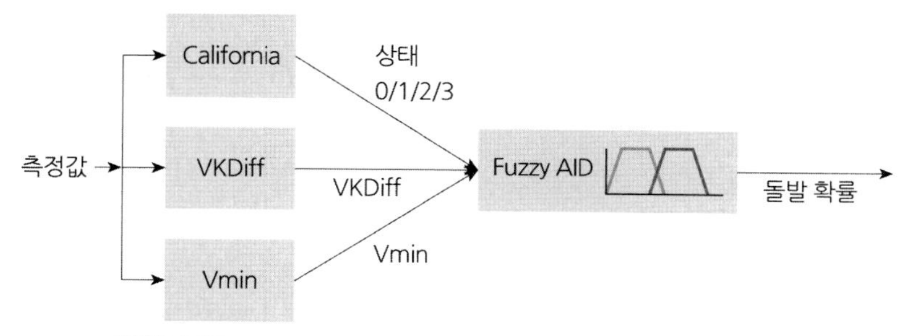

그림 5-1 돌발확률 산출을 위한 Fuzzy-시스템의 사례적 구조

사례

그림 5-1은 하나의 종합적 예측을 도출하기 위한 교통분석을 위한 3개의 구간 기반 기법의 결과들을 연계하는 것을 나타낸다. 3개의 분석기법은 VKDiff, California-알고리즘과 Vmin이다. VKDiff는 5.4에서 설명된 기법들이다. Vmin는 구간의 두 개의 연계된 측정단면 중 하나에서 측정된 최소속도를 결정한다. California 기법은 두 개의 측정단면에서의 점유율로부터 이 단면 내에 위치한 구간의 교통상황을 산출한다.

Fuzzy-Modul에서 개별 분석기법 VKDiff, California-알고리즘과 Vmin의 모든 출력자료는 먼저 소속함수의 형태로 퍼지화된다. 소속함수는 모든 지표를 분류하고 모든 입력자료의 % 비율을 언어적 변수로 산출한다. 예를 들어 속도는 낮은, 평균과 높은 속도로 분류된다. 예를 들어 속도 70 km/h는 변수화에 따라 30%는 "평균" 속도로 70%는 "높은" 속도로 소속될 수 있다. 다음은 모든 입력자료의 언어적 변수와 이들의 비율은 하나의 규칙기반(Rule-Basis)으로 연계된다. 이들은 출력자료 돌발확률의 언어적 변수에 대한 비율을 산출한다. 소속함수를 활용하여 돌발확률의 크기가 결정된다.

입력자료 Vmin : 그림 5-2는 Vmin의 소속함수를 나타낸다. 구간의 두 개의 측정단면 중 하나의 최소속도가 얼마나 위험영역에 놓여있는지를 검증한다.

Vmin 퍼지화의 결과는 영역 낮음, 평균, 높음에 대한 소속이다.

입력자료 VKDiff : 그림 5-3은 VKDiff의 소속함수를 나타낸다. VKDiff를 위하여 산출된 지표가 작고 돌발이 없는지 또는 이 지표가 커서 돌발 확률이 있는지를 검증한다.

VKDiff 퍼지화의 결과는 영역 낮음, 높음에 대한 소속이다.

입력자료 California-StaTcs : 그림 5-4는 California-Status의 소속함수를 나타낸다. 이들은 0, 1, 2 또는 3의 값을 가정한다. 수치는 다음을 의미한다.

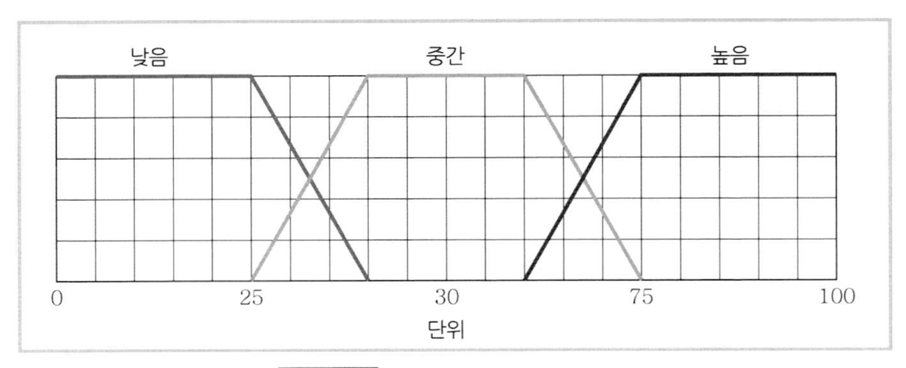

그림 5-2 입력자료 V_{min}의 소속함수

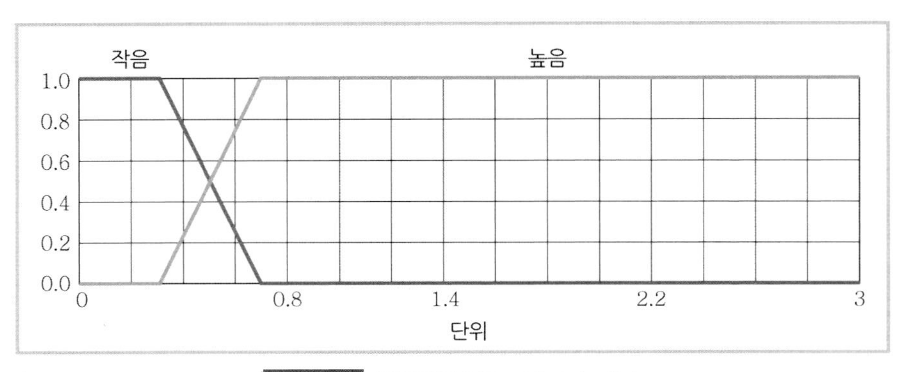

그림 5-3 입력자료 VK_{diff}의 소속 함수

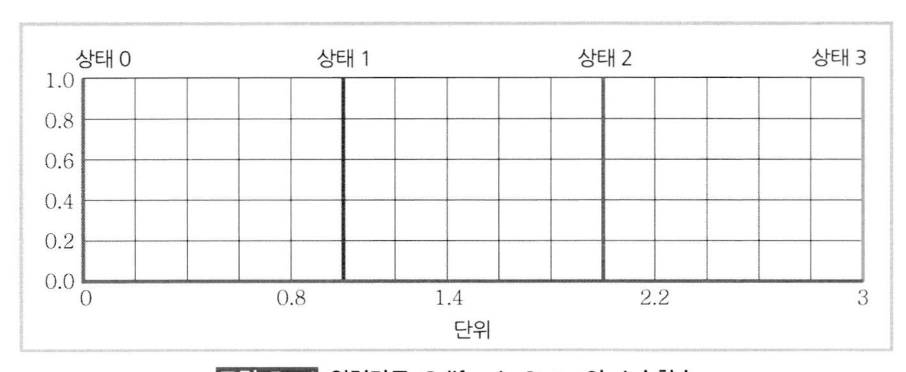

그림 5-4 입력자료 California-Status의 소속함수

- Status = 0 : 돌발 없음
- Status = 1 : 돌발 위험
- Status = 2 : 돌발
- Status = 3 : 돌발 지속

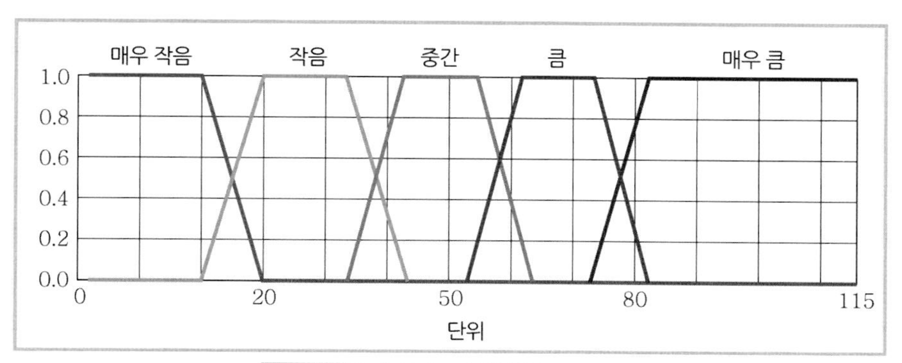

그림 5-5 출력자료 돌발확률 소속함수

표 5-2 "RB 장애 확률" Rule Block Rule

IF			THEN
California	VKDiff	Vmin	장애_확률
Status0	작음	작음	큼
Status0	작음	중간	중간
Status0	작음	큼	작음
Status0	큼	작음	큼
Status0	큼	중간	중간
Status0	큼	큼	작음
Status1	작음	작음	큼
Status1	작음	중간	중간
Status1	작음	큼	작음
Status1	큼	작음	큼
Status1	큼	중간	중간
Status1	큼	큼	중간
Status2	작음	작음	매우_큼
Status2	작음	중간	큼
Status2	작음	큼	중간
Status2	큼	작음	매우_큼
Status2	큼	중간	큼
Status2	큼	큼	중간
Status3	작음	작음	매우_큼
Status3	작음	중간	매우_큼
Status3	작음	큼	큼
Status3	큼	작음	매우_큼
Status3	큼	중간	매우_큼
Status3	큼	큼	매우_큼

Rule Basic : 다양한 과정상황의 Ruler의 행태는 Rule Block에 의하여 결정된다. 모든 개별적인 Rule Block은 입력과 출력자료의 고정된 셋을 위한 규칙을 포함한다.

규칙의 "if" 부분은 규칙이 적용되는 상황을 설명하며, "then" 부분은 여기에 대한 반응을 설명한다. Rule Basic에서 개별 입력자료의 소속함수의 결과들은 상호 조합된다. 개별조합에 대하여 교통상태에 대하여 어떤 의미를 갖는지 또는 해당되는 조합에 있어서 돌발의 확률이 얼마나 되는지를 정의한다(표 5-2). 여기에는 다섯 개의 영역 "아주 낮음", "낮음", "평균", "높음", "아주 높음"이 정의된다. 다음 예제는 3*2*4=24의 조합이 도출된다.

출력자료 돌발확률 : 마지막 단계에서는 돌발상황에 대한 언어적 예측이 출력자료로서 돌발확률로 변환된다(그림 5-5).

분석예시:

다음에는 다양한 입력자료에서의 기법 결과에 대한 사례가 제시되었다.

California Status = 2	Status 2 소속 = 100%
VKDiff = 0,2	'작음' 분류 소속 = 100%
Vmin = 90	'큼' 분류 소속 = 100%
→ 돌발확률 = 48,8%	
California Status = 2	Status 2 소속 = 100%
VKDiff = 0,2	'작음' 분류 소속 = 100%
Vmin = 50	'평균' 분류 소속 = 100%
→ 돌발확률 = 68,3%	
California Status = 32	Status 32 소속 = 100%
VKDiff = 0,92	'큼' 분류 소속 = 67%
Vmin = 30	'평균' 분류 소속 = 33%
→ 돌발확률 = 98,9%	

5.3.2. 지표

입력자료 : Fuzzy-알고리즘의 입력자료는 이용된 분석모델과 그들의 결과에 관련되며 시설과 기법별로 다양할 수 있다.

출력자료 : 돌발확률. 이용된 기법에 따라 하나의 측정단면이나 두 개 측정단면 간의 구간에 대한 결과가 도출된다.

5.3.3. 경험

5.3.3.1. 적용지역

다양한 분석기법의 결과 비교를 위한 Fuzzy-기법은 현재 3개소에서 운영 중이다. 스위스 Basel의 교통관제시스템 N2/N3에서 분석기법 Kalman-, VKDiff와 속도수준 Vmin이 평가되었다.

홍콩의 Aberdeen 터널의 입구와 터널 내에서 비디오 검지기를 이용하여 측정이 수행되었다. 추가적으로 비디오 검지기의 경고신고에 대하여 분석기법 VKDiff와 속도수준 Vmin이 평가되었다.

Dubai의 교통관제시스템 Falcon에서는 도시고속도로의 개별 측정단면과 몇 개 도로구간이 감시되었다. 측정단면에 종합적인 예측을 도출하기 위하여 다음과 같은 분석기법들의 결과를 이용하는 Fuzzy-원리가 구축되었다. 비디오 검지기 경고신고, 속도지표, 교통량지표와 측정값의 예측 데이터.

5.3.3.2. 실제 경험

Basel의 교통유도시스템에서 Fuzzy-상황분석 결과들은 우선 활용된 검지기의 오류 보정과 최적화에 활용되었다. 검지기의 보정과 최적화 이후에 두 번째 단계로 인위적인 돌발, 예를 들어 공사차량으로 인한 일시적 차선폐쇄 등을 생성하였다. Fuzzy-상황분석은 이러한 종류의 돌발상황을 15초 주기에서 60초 이내에 감지하는 것으로 나타났다.

홍콩 섬의 Aberdeen 터널에서는 지역 교통관리부서에서 1년 동안 기법에 대한 평가를 수행하였다. Fuzzy-원리가 우연적이거나, 입력자료의 타당하지 않은 편차들이 전체적인 결과에 작게 영향을 미쳐 낮은 오보율과 동시에 높은 검지율 도출에 좋은 영향을 미치는 것으로 나타났다.

5.3.3.3. 시사점

교통류 돌발검지를 위한 다양한 기법들을 Fuzzy-원리로 연계함에 있어 기법 투입 시 다음 사항들을 유의해야 한다,

- 교통상황의 변화에 신속히 반응하며,
- 정적 상태에서 (예, 정체) 반응하고,
- 다양한 측정값을 분석

관측값의 수준이 신속하고 안전한 분석에 전제 조건이 되므로 기법 투입의 초기와 진행 시간 동안에 검증해야 한다.

5.4. 확대 상황검지

5.4.1. 기법 개요

확대 상황검지는 실제 교통상황의 동적 평가와 이에 기초한 교통축관제시스템-운영계획으로부터 가변정보판을 위한 운영명령을 산출한다. 이는 2단계로 이루어진다(그림 5-6).

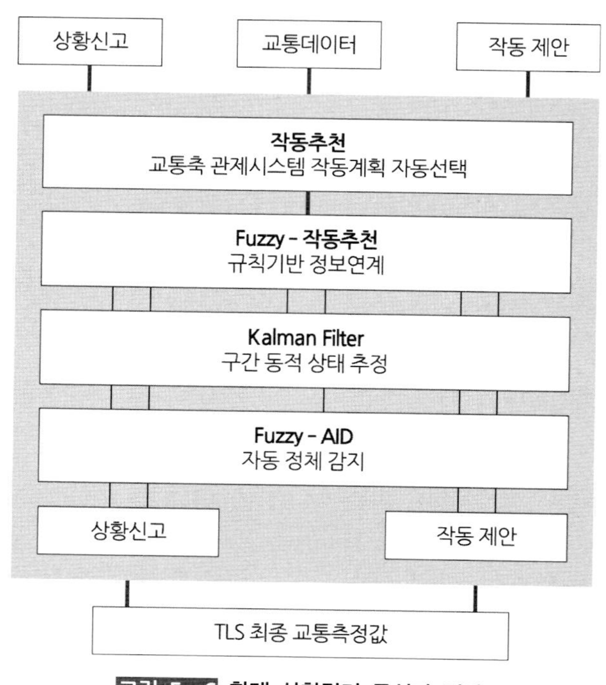

그림 5-6 확대 상황검지 구성과 절차

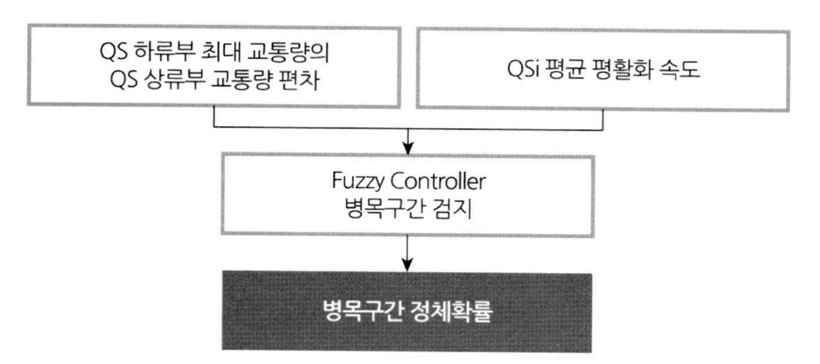

그림 5-7 확대 상황 분석 기법을 활용한 병목구간 정체 확률 산출

첫 번째 단계는 교통류 분석의 다양한 3개의 모듈을 종합적으로 평가하는 Multi-Model-Logic을 포함한다.

- 자동돌발감지를 위한 Fuzzy-Logic-Modul
- 돌발감지의 동적 상태추정을 위한 Kalman filter-Modul
- 충격파 검지를 위한 지점 기법

교통류 분석결과는 두 번째 단계에서 다음과 같은 한계 상황과 교통여건으로 구분된다.

- 교통기술적 병목구간

  병목구간으로서 차로수가 감소하는 상황을 정의한다. 단면 i와 i+1에서의 차로수는 동일하다. 이 모듈에서 병목구간은 시설적 변화가 아닌 제한된 영역 내에서 교통상황에 따른 변화로 인하여 발생한 것을 의미한다. 구간 내에서 하나의 병목구간은 도로용량이 사고, 고장차량 또는 낙하물로 인하여 급격히 감소하고, 이로 인해 구간 내에서 정체가 형성된 것으로 인지된다. 건설적 병목구간은 구분하여 분석된다(그림 5-7).

- 건설적 병목구간

  차로수 감소 또는 기타 차로수의 구조적 제약으로 정의되는 시설적 병목구간에서의 정체감지가 다루어진다. 이때 단면 i의 차로수는 i+1 단면의 차로수보다 항상 많다. 높은 교통수요에 따라 이 병목 구간 내에서 생성된 정체가 감지된다(그림 5-8).

- 지역적 밀도

  구간의 영역별 밀도가 다루어진다. 기법은 구간을 몇 백미터 단위의 개별 세부구간으로 구분한다. 교통류 장애 시 발생하게 되는 세부 구간의 밀도 차이가 감지된다(그림 5-9).

- 표류 정체

  하류부에 위치한 구간 (i+1, i+2)으로부터 인접한 (i, i+1)로 표류하는 정체를 의미한다. 따라서 대상 구간에서는 영향만을 알 수 있으며, 돌발원인은 인접한 구간 내에 있다. 정체가 수요 증가에 의하여 확산된다면 완전히 정체된 구간이 될 수 있다(그림 5-10).

- 불안정 교통류

  완전히 정체된 구간에 비하여 불안정한 교통흐름을 갖는 상황이 존재한다. 이 모듈은 최소 순간속도와 구간 내 최대 순간밀도에 기반하여 불안정 정도에 따른 0과 100 사이의 숫자로 나타낸다.

교통흐름의 불안정성은 불안정 교통류로 표현된다.

확률로서 표현되는 상황은 교통관제시설의 VMS의 구간별 운영전략을 자동적으로 생성하는 기초가 된다.

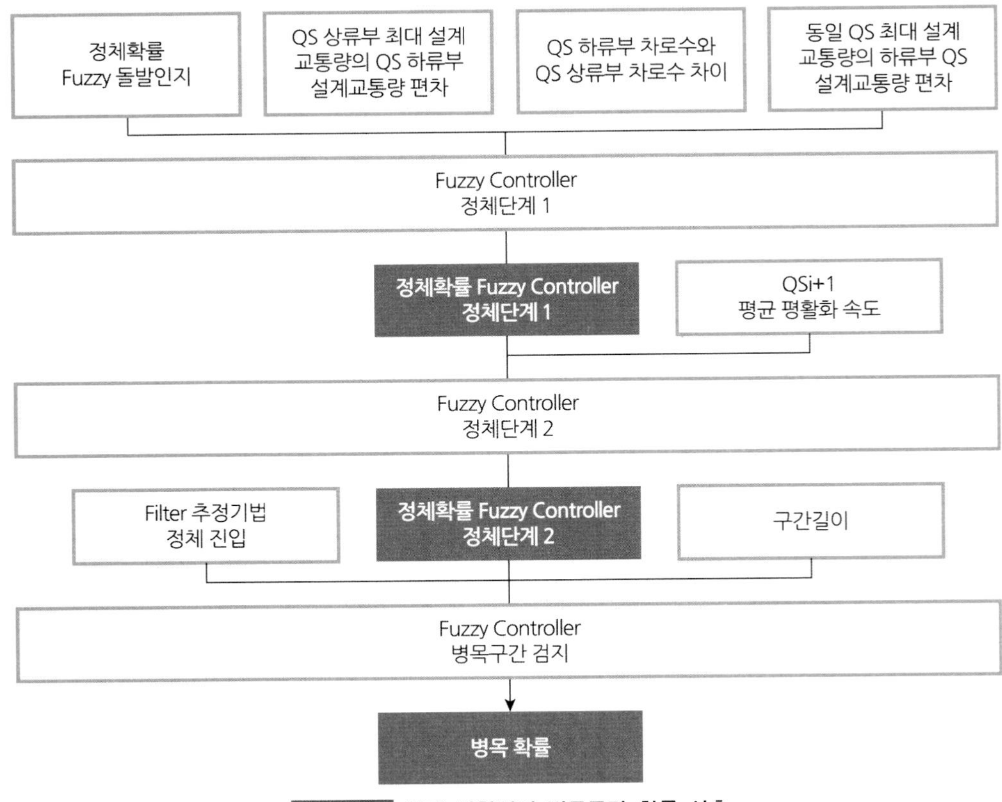

그림 5-8 확대 상황검지 병목구간 확률 산출

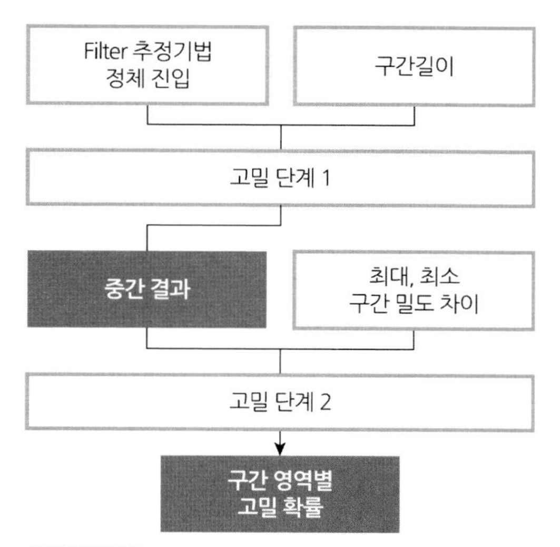

그림 5-9 확대 상황검지 지역적 밀도 확률 산출

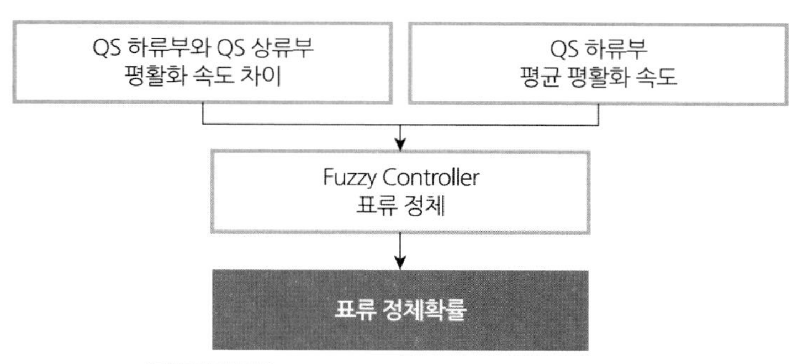

그림 5-10 확대 상황검지 표류 정체 확률 산출

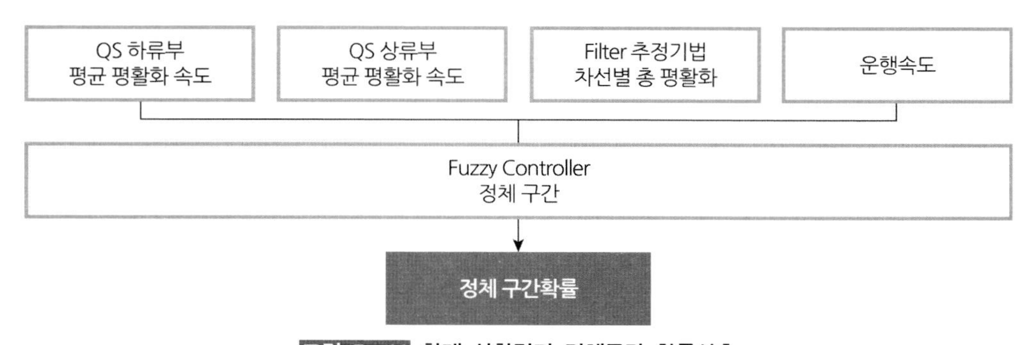

그림 5-11 확대 상황검지 정체구간 확률산출

5.4.2. 지표

입력자료는 본선과 선택적으로 진입-/ 진출부의 횡단면별 데이터

Q승용차, Q화물차, V승용차, V화물차

출력자료는

- 교통상황 구간별 지수 : 지수 범위는 0과 100. 숫자가 높을수록 발생한 교통상황의 확률은 높다.
- 세부 구간별 교통데이터(세부구간 길이는 수백 미터 수준) : 구간속도, 교통밀도, 지점속도, 교통량

5.4.3. 경험

5.4.3.1. 적용 지역

확대 상황검지는 Munich 프로젝트 Comfort 내에서 개발되고 검증되었다.

5.4.3.2. 실제 경험

확대 상황검지는 1996년 이래 교통축관제시설 A9 Muenchen-North와 BAB A92 Feldmoching에서 JC Flughafen에서 open-loop로 운영 중이다.

출력자료의 품질은 입력자료의 품질에 직접적인 영향을 받는다.

5.4.3.3. 시사점

측정단면 – 간격은 1 – 10 km(3 km 적절)이다. 수집 검지기는 다양한 종류로 조합될 수 있다.

제 06 장 대응방안 선택

6.1. 대응방안

대응방안은 상황에 대한 결과로서 (추상적으로 설명하면) 대응지침을 의미한다. 따라서 대응방안은 상황들 리스트들의 기능이다.

대응방안 = f(상황 리스트(종류, 상태))

하나의 대응방안에는 최소한 하나의 상황이 귀속된다. 하나의 상황은 다수의 대응방안에 귀속될 수 있다. 귀속된 상황에는 선택을 위하여 상황의 종류와 상태만이 고려된다. 이로부터 구체적으로 도출된 대응방안은 그러나 모든 정보를 (위치, 결과품질, 기법품질, 기법) 포함한다.

사례

대응방안과 상황 간 귀속 표, 대응방안 비교 처리는 대응방안의 첫 번째에서 마지막으로 기입하며 진행된다.

처리순서

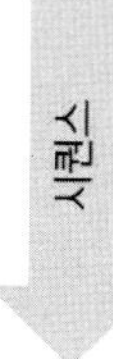

	S1	S2	S3	S4
M1	X			
M2		X		
M3			X	
M4				X
M5		X	X	X

예를 들어

- M1 습윤 경고
- M2 낮은 속도제한 습윤경고
- M3 중간 속도제한 습윤경고
- M4 구속 속도제한 습윤경고
- M5 화물차 추월금지 속도제한

그리고

- S1(습윤, 습윤1)
- S2(습윤, 습윤2)
- S3(습윤, 습윤3)
- S4(습윤, 습윤4)

LCS에서 대응방안의 표출은 표시정보 산출로 이루어진다(9.2). 특정한 대응방안에서 단지 하나만의 표시정보가 가능하다면 다음에서는 직접적으로 표시정보 정의가 적용된다.

6.2. 대응방안 DB

대응방안 DB는 제어시스템을 위한 모든 정의된 대응방안을 정리한 것이다.

표 6-1 대응방안 카탈로그

<table>
<tr><th></th><th>대응 분류</th><th>대응 형태</th><th>교통상황</th></tr>
<tr><td rowspan="8">구간제어</td><td rowspan="4">원활한 교통흐름</td><td>속도 제한 120, 100, 80 Km/h</td><td>많은 교통량</td></tr>
<tr><td rowspan="3">속도 제한 60 Km/h</td><td>많은 교통량</td></tr>
<tr><td>불안정 교통류</td></tr>
<tr><td>차선별 높은 속도 차이</td></tr>
<tr><td>정체경고</td><td>정체 후미 점진적 감속 시스템</td><td>정체지표/
다양한 교통상황분석기법에 따른 정체확산</td></tr>
<tr><td rowspan="3">화물차-추월금지</td><td>교통장애 방지 화물차-추월금지</td><td>화물차에 의한 교통장애</td></tr>
<tr><td>노면불량으로 화물차-추월금지</td><td>노면불량(습윤, 결빙) 시 높은 화물차 비중</td></tr>
<tr><td>가시거리 제한 화물차-추월금지</td><td>가시거리 불량 시(안개) 높은 화물차 비중</td></tr>
</table>

6.5.2. 지표

입력자료는 양방향에 대한 방향별 설계 교통량이다.
출력자료는 방향별 차선수 배분이다.

6.5.3. 경험

6.5.3.1. 적용 지역

적용 범위는 병목구간이며 시간대별로 방향별 교통량 편차가 큰 구간이다. 현재 다음의 고속도로에 적용 중이다: Messschnellweg Hannover, Strelasundquerung, BAB A 7 Elb Tunnel.

6.5.3.2. 실제 경험

차선이 시간대별로 축소되는 영역 내 교통유도는 - 공사 구간과 같이 - 착오 운행을 방지하기 위하여 특히 지방부의 경우 명확하게 이루어져야 한다. 방향 전환은 복잡하고 시간이 오래 필요하므로 작은 교통량 차이나 돌발 상황 시 대응방안으로는 적절하지 않다.

Strelasundquerung의 하나의 운행방향에 대한 추가적인 차로의 활성화는 교통경찰이나 시스템의 자동 작동명령 또는 운영자에 의한 비디오를 통한 교통여건 판단에 따라 이루어진다. Ruegenbrueke의 중앙차로 운행허용 시 모든 LCS가 동시에 녹색화살표로 전환됨에 따라 - 차단선에도 불구하고 - 많은 운전자는 즉시 허용되는 차선에 있게 된다. 아직까지 위험한 교통상황이 발생하지 않았다. 이외에도 방향별 가변 운영에 대하여 부정적인 경험이 보고된 적이 없다.

6.5.3.3. 시사점

방안은 중앙분리대가 없거나 중앙차로나 분리 시설물을 통과하기 위한 가능성이 있을 경우에만 적용이 가능하다. 차선의 운행 허용 이전에 반대방향 교통량이 완벽히 제거된 상황을 검증해야 한다. "교통신호설계지침(RiLSA)"에 의한 적절한 차선표식이 필요하다. 차선의 폐쇄와 허용은 도로교통규정(StVO 37)에 따른 지속 표시등에 의하여 이루어진다. 때로 지속표시등은 신호시설에 보조를 받는다.

6.6. 일시적 갓길 허용

6.6.1. 기법 개요

일시적 갓길 허용은 일시적인 용량제고를 위한 방안이다. 알고리즘은 구간 내 확보된 차로수의 용량을 확인한다. 실제 교통 여건과 관련하여 갓길이 우측차로로 허용된다.

허용결정과 활성화는 수동으로 이루어지고 다음의 허용 과정은 자동적으로 이루어진다.

허용 기간 동안 속도는 교통류 조화와 교통안전을 고려하여 100 km/h로 제한된다.

요구신고의 생성을 위하여 허용 구간의 길이에 따라 2개 또는 3개의 측정단면이 결정시설로 이용된다.

6.6.2. 지표

3차로 단면에 대하여 다음과 같은 값들이 적용된다.

작동 조건

- Q설계 > 5.500 PCU/h OR
- V승용차 < 95 km/h AND
- K차량 > 70대/ km OR
- V차량 < 90 km/h

종료 조건

- Q설계 < 4.000 PCU/h OR
- V승용차 > 120 km/h AND
- K차량 < 40대/km OR
- V차량 > 115 km/h

2차로 구간일 경우 다음과 같은 임계값들이 적용된다.

측정 영역별 제어 기준 밀도(반자동: “on” 밀도-차량 > 40대/km “off” 밀도-차량 < 30대/km)

6.6.3. 경험

6.6.3.1. 적용 지역

적용 지역은 단시간 동안 첨두 교통량이 발생하는 곳이다. 현재 다음과 같은 시설들에 투입 중이다.

- BAB A 8-East, A 99, A 9, A 73(Bayern)
- BAB A 7(Schleswig-Holstein)
- BAB A 4(Nordrhein-Westfalen)
- BAB A 3, A 5(Hessen)
- BAB A 7 JC Walsrode와 IC Soltau-East(Niedersachsen),
- 계획: A 8(Baden-Wuerttemberg)

6.6.3.2. 실제 경험

방안은 실제 투입에서 매우 긍정적이다. 구간의 용량을 1,500대/시로 증가시키는 것이 가능하다. 이는 용량 부족에 따른 정체를 감소하거나 최소한 정체위험을 대폭 감소하는 것을 의미한다.

허용 제한은 불량한 가시거리와 갓길 상 장애물이 완벽히 제거되지 않을 경우(예, 눈)가 해당된다.

고장차량으로 인한 사고다발은 아직까지 발생하지 않았다.

6.6.3.3. 실제 경험

갓길 차로의 허용 이전에 장애물이 없는지에 대한 확인이 꼭 필요하다. 차로의 폐쇄와 허용은 가변교통표식 Z223.1 – Z 223.3에 의한 StVO에 따라 이루어지고, 상부에 설치된 지속표시등 – 교통축 관제시스템과 연계하여 – 과 함께 운영된다. 운영 상 이유로 긴 허용구간 (> 5 km)는 허용 과정을 짧게 유지하고 (구간별) 수요 대응형으로 제어할 수 있도록 피하는 것이 좋다.

갓길 허용 시 높은 용량에 의하여 기타 임계값들의 변화 여부를 면밀히 검토해야 한다. 이는 갓길 허용과 함께 자동적으로 이루어진다(예를 들어, 두 번째 변수 셋).

6.7. 교통망 제어방안

6.7.1. 기법 개요

6.7.1.1. 경로선택

제어결정을 위하여 반복적 계산기법이 적용되어 매 시점과 대상 교통망에 대하여 지속적으로 경로선택과 이에 기초한 대상 교통망 내의 개별 Decision point에서의 우회도로 안내 작동에 대한 Decision-Search가 산출된다. 모든 영향을 받게 되는 교통망 내의 Decision-Point(우회도로안내 표지판이 설치된 진입교차로)와 목적지(차량이 교통망을 이탈하게 되는 JC)가 정의된다.

개별 교통망의 처리는 경로 상 운행시간은 수요에 따라 시간대별로 변화하기 때문에 고정(변수화 가능한) 주기로(예. 5 또는 10분 주기) 예측기간 종료 시까지(예. 6 또는 6시간) 수행된다.

대상 교통망 내 개별 Decision-Point에서 우회도로안내 작동에 대한 경로선택과 이에 기반한 Decision-Search는 다음과 같은 기법에 의하여 반복적으로 수행된다.

- 기법 기반은 주어진 조건 하에서 예측기간의 모든 주기에 대한 대상 교통망의 모든 구간에 대한 예측된 운행속도이다.
- 먼저 대상 목적지에 대하여 교통류가 다시 한 번 우회될 수 있는 추가적인 Decision-Point가 포함되지 않는 모든 경로에 대한(가로망 시점 Decision point로부터 시작되는) 운행시간이 산출된다.
- 이후에 이미 처리된 Decision-Point(또는 대상 목적지에 교통류가 다시 한 번 우회되지 않는 Decision-Point)를 포함한 모든 경로의 운행시간이 산출된다.

이러한 기법은 모든 목적지가 처리될 때까지 자주 반복된다. 이에 따라 예측 기간 내 매 주기마다 모든 Decision Point에서 모든 목적지까지 하나의 최적 경로가 존재한다.

대상 교통망 Decision Search

개별 교통망 처리에 있어서 최단 운행시간을 갖는 경로가 추정을 위하여 추천된다. 최단시간 부분 경로가 정상경로가 아닐 경우 정상과 대체경로 간 운행시간 차이가 추가적으로 특정한 임계값(교통망 별로 변수화 가능)을 초과해야 한다.

"내부" 교통망을 포함하는 "외부" 교통망의 반복적 처리에 있어서 산출된 시공도가 내부 교통망의 Decision point에 도착한 시점으로 산출되는 내부 교통망의 선택된 부분경로가 바탕이 된다.

Decision point가 예측 기간 이후에 도달한다면 정상경로가 바탕이 된다.

다른 망제어 교통망의 결정논리, 수동 작동 또는 현장 작동에 의한 경로유도는 주어진 조건으로 고려된다.

정적 표지판에 의한 Decision point에서 경로 유도는 이 표시판 정보에 따른다.

후속처리

선택된 경로와 정상 경로간의 운행시간 차이는 모든 (구상된) 경로 경우에 대해서 경로 선택 이후에 산출되고 저장된다.

사례

기법은 사례(그림 6－1)를 통하여 설명된다(주의: 사례에는 시간에 따른 경로 선택이 일정한 것으로 단순화되었다. 그러나 이는 항상 적용되지 않는다!).

1. 목적지 Z를 포함하는 교통망(첫 번째 망으로서)부터 시작한다. 사례에서 Decision point 1에서 경로 1에서 Z까지가 1에서 2를 거쳐 Z로 가는 경로보다 우선 추천된다. 이는 예측기간 동안 자주 변하게 되어, 예측기간 동안 최적경로 1에서 Z까지 매주기마다 결정된다.
2. Decision point 2에서도 경로 2에서 Z가 경로 2에서 1을 거쳐 Z로 가는 것이 우선되는 것이 동일하다. 여기에서도 예측기간 동안 변하게 된다. 최적 경로 2에서부터 Z는 매주기마다 예측기간 동안 결정된다.
3. 3단계에서 두 번째 망이 추가된다. 경로 3에서 2를 거쳐 Z와 3에서 1을 거쳐 Z로 가는 경로가 비교되며, 사례에서는 실제 2를 거쳐가는 경로가 운행시간이 짧다. 2에서 1로 가거나 1에서 2로 가는 연결은 더 이상 계산될 필요가 없다. 이는 이미 1단계와 2단계에서 수행되었다. 그러나 최적 경로 3에서 Z까지 산출에 있어서 운전자가 중간 Decision point 1 또는 2에 늦은 시점에 도착한다는 것을 고려해야 한다. 모든 중간 Decision point로부터 point 3의 운전자가 도착하는 주기가 산출되고 이것이 모든 중간 Decision point에서 작동 결정에 이용되어야 한다. 두 번째 망 내에는 Bonn/Siegburg JC에는 고정 우회도로 안내만이 설치되어 있기 때문에 추가적인 Decision point가 존재하지 않는다.
4. 4단계에서 세 번째 망이 추가된다. 다시 망 내에서 다양한 가능한 경로에 대한 운행시간이 산출된다. 사례에서 경로 4에서 3과 2를 경유하여 Z로 가는 것이 가장 효율적

인 것으로 나타났다. 이때도 운전자는 중간 Decision point 3과 1 또는 2에 늦은 시점에 도착한다는 것을 고려해야 한다. 모든 중간 Decision point로부터 point 4의 운전자가 도착하는 주기가 산출되고 이것이 모든 중간 Decision point에서 작동 결정에 이용되어야 한다.

5단계에서는 3번째 망의 두 번째 Decision point가 추가된다. 이들에도 앞에서와 같은 동일한 원리가 적용된다.

그림 6 - 1의 "교체" 범례는 단계의 순서가 교체 가능함을 의미하며, 즉 1과 2단계가 교체가능하며 3과 4단계가 교체 가능하다.

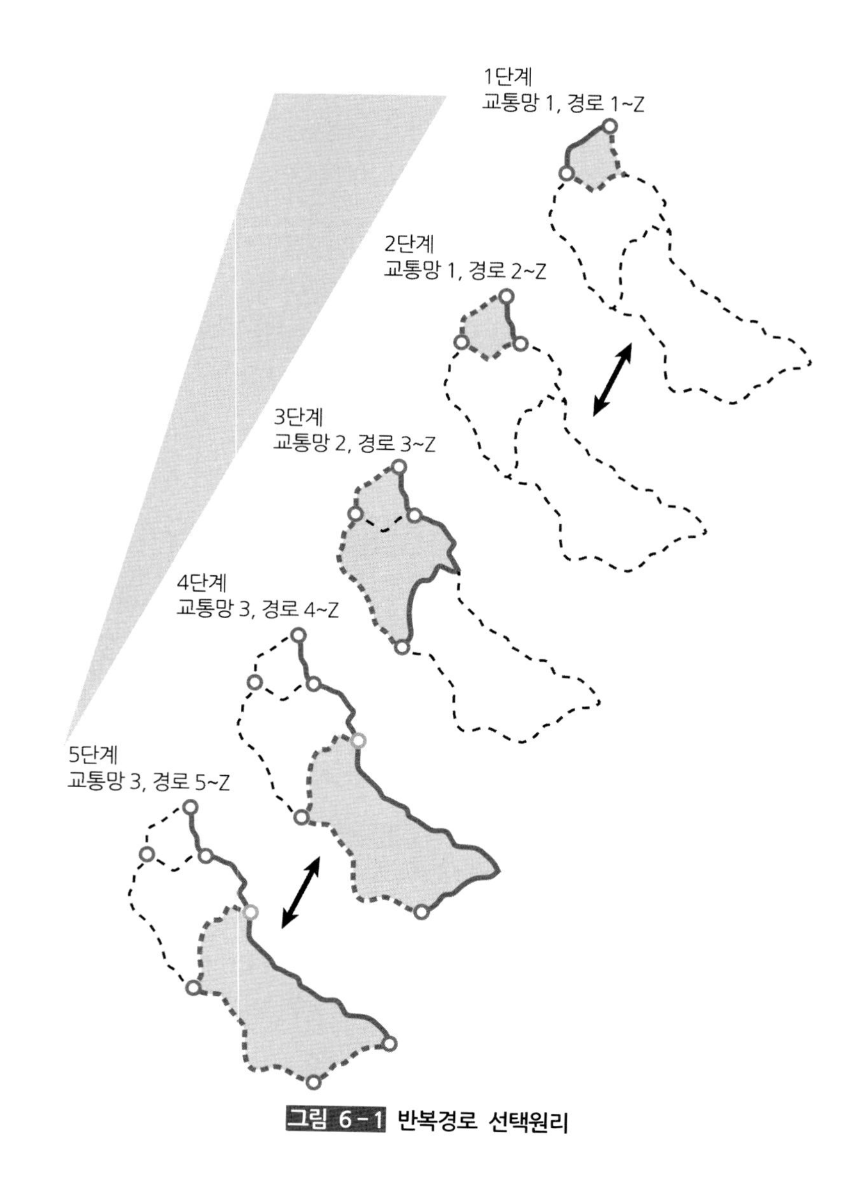

그림 6 - 1 반복경로 선택원리

6.7.2. 지표

5.25.2 참고.

6.7.3. 경험

6.7.3.1. 적용 지역

5.25.3 참고.

6.7.3.2. 실제 경험

5.25.3 참고.

6.7.3.3. 시사점

5.25.3 참고.

6.8. 가변 차선배정

6.8.1. 기법 개요

"가변 차선배정"은 진입로의 교통수요가 많을 때 엇갈림 구간의 용량을 보정해 주기 위한 것이다. 진출로의 제한된 용량(예 3차로)에 의하여 양방향에서 다차로로(예 2차로) 도착하는 차량은 일반적으로 엇갈림 구간에서의 장애를 감소하기 위하여 한 차로가 감소된다.

따라서 진입로의 교통상황에 기초하여 알고리즘은 지수에 의하여 결정되는 MARZ의 4단계에 따라 차로수의 배정을 제어한다. 지표의 조합에 따라 자동적으로 활성화될 수 있는 LCS가 정해진다. 진입 교통량이 적은 경우 엇갈림 구간 이전에 교통관제시설의 정보(예, 동적 축소VMS, LCS, 차단기, 차선표식병－Cat's eye)와 함께 하나 또는 다수 차로가 축소된다. 알고리즘은 운영 중인 교통관제시스템에 포함될 수 있다.

6.8.2. 지표

입력자료는 MARZ에 의한 진입로 교통상황이다.

출력자료는 진입로의 지표이다.

6.8.3. 경험

베를린의 JC Neukoellen(A 110/A 113)과 JC Charlottenburg에서 가변차선배정－시설은 만족할 만한 결과를 나타내고 있다. Britz 터널 입구의 가변 차선배정의 특별한 여건과 터널 내 제어와의 인터페이스에 따라 Neukoellen의 차선배정은 수동으로만 활성화된다.

6.9. 램프미터링(ALINEA)

6.9.1. 기법 개요

램프미터링은 일반적으로 고속도로 진입로에 교통신호를 활용하여 진입 교통량을 제어하고, 긴 차량군을 하나 또는 두 대의 차량군으로 단순화하여 진입과정을 용이하게 하는데 영향을 미친다[Trapp, 2006].

ALINEA는 [Papageorgiou, 1991]는 진입제어시설의 제어를 위한 교통감응식 기법이다. 알고리즘에는 진입로의 하류부에서 측정된 점유율을 교통감응식 유도변수로 활용한다. 따라서 ALINEA는 closed-loop의 제어기법이다. ALINEA는 최적으로 산출된 점유율을 유지하기 위하여 진입로의 교통량을 통제한다.

6.9.2. 지표

다음 작동 주기 n에 대한 허용 진출률 q진입, 허용은 ALINEA-알고리즘으로부터 다음과 같이 산출된다.

$$q_{진입,\ 허용} = q_{진입,\ n-1} + k*(O_{최적} - O_{관측,\ n-1})[대/시]$$

이때

k = 보정계수 알고리즘 민감도[대/시]

$q_{진입,\ n-1}$ = 이전 주기 $n-1$ 정지선 후방 측정 진입교통량[대/시]

$O_{최적}$ = 최적 점유율[%]

$O_{관측,\ n-1}$ = 이전 주기 $n-1$ 진입로 하류부 측정 점유율[%]

$q_{진입,\ 허용}$으로부터

$$T_c = \frac{3,600s/h}{q_{진입,\ 허용}} \cdot m[s/대]$$

이때

m = 녹색시간당 차량수
허용 계산주기 Tc가 산출된다.

최적 점유율과 추가 변수의 산출은 광범위한 사전 조사를 필요로 한다[Stoecker, 2001].

6.9.3. 경험

이 기술의 첫 번째 시도는 1960년대 미국에서 성공적으로 수행되었다(May, 1964; Drew, 1967; Pinnel, 1967). 성공에 힘입어 미국의 여러 주에 다양한 제어기법으로 적용되었다.
1998년에 ALINEA-알고리즘으로 독일에 BAB A 40과 BAB A 94에 성공적으로 도입되었다. 대부분의 경우에 본선 구간의 교통흐름과 교통안전이 개선되었다. 진입램프 또는 낮은 위계 도로망에 대한 평가와 교통계획적 영향에 대한 평가는 상세히 수행되지 않았다.

6.9.3.1. 적용 지역

ALINEA 기법은 유럽에서 자주 적용되었다. 예를 들어, 독일에는 Nordrhein-Westfalen, Nidersachsen과 Bayern의 BAB A 1, A 3, A 4, A 43, A 57, A 94에 활용되었다. 도로형태 E1과 E2가 대부분이며 고속도로 JC과 유사한 연결로에도 적용되었다. 일반적으로 한 방향의 다수 진입로에 연속적으로 램프미터링의 영향을 받으며 상호간의 연동화는 수행되지 않았다.

6.9.3.2. 실제 경험

대부분의 경험은 램프미터링이 교통장애와 사고를 감소하는데 효과적인 수단임을 나타내고 있다. 특히 이미 기반시설(통신망, 서버센터)이 구축되어 있을 경우 경제성이 매우 높다.
하류부에 설치된 검지기로 인하여 진입로 내 단기간 교통상황의 악화는 ALINEA 반응을 지체시킬 수 있다.

6.9.3.3. 시사점

연결로 진입교통량 통제로 인하여 원하지 않는 악영향(예. 정체, 긴 차량군 형성, 교통량 전환 등)이 발생할 수 있으나 이는 적절한 변수의 선택(녹색시간 당 진입차량수, 최소 적색시간)과 추가기능(예. 대기행렬 감시) 등을 통하여 감소될 수 있다.

6.10. 진입제어(NRW)

6.10.1. 기법 개요

선도 프로젝트에서 개발된 ALINEA 구축은 앞에서의 내용과 다음과 같은 점에서 차이가 있다. 6.9에서 산출된 신호주기 Tc는(계산상) 표 6-3의 입력자료이고 진입로의 정체가 있을 경우와 없을 경우를 구분하여 작동되는 적색-시간을 구하게 된다.

표 6-3 신호주기 $T_{c(계산상)}$로부터 T_{RED} 산출 배정표(예시)

Tc >	Tc <	T_{RED} (정체 시)	T_{RED} (비정체 시)
−⋈	0	11	8
0	4,5	0	0
4,5	6	2	2
6	8	3	3
8	12	5	4
12	+⋈	11	8

적색시간의 그룹핑을 통하여 주기의 잦은 변화를 감소시킬 수 있다. 또한 7.9.2에 의한 산출값과 무관하게 고정 적색-시간(2초)이 작동되는 동안 빈번한 작동과 종료를 위하여 작동-과 종료시간(일반적인 시간: 1에서 2분) 정의가 필요하다.

6.10.2. 지표

6.9 참고

6.10.3. 경험

6.10.3.1. 적용 지역

NRW

6.10.3.2. 실제 경험

6.9에서 설명된 긍정적인 경험은 대부분 NRW로부터 수집되었다.

작동-과 종료시간의 활용은 많은 상황에서 ALINEA-주기가 실현되지 못하고 짧은 작동 요구 시 최소한 3분(작동-과 종료시간)은 활성화되도록 하였다. NRW에서 본선구간의 측정데이터는 서브센터로 전송되고 여기서부터 적색시간이 현장장비로 보내져서 이곳에서 구현이 된다. 이를 통한 지체시간 60초가 발생한다. 이는 현장-작동에 의하여 방지될 수 있다.

6.10.3.3. 시사점

ALINEA-알고리즘을 통한 지체된 반응은 보다 능동적이고 효율적인 알고리즘(예를 들어, PRO, [Trapp, 2006])을 통하여 개선될 수 있다.

6.11. PRO 진입제어

6.11.1. 기법 개요

PRO[Trapp, 2006, 2008]는 진입제어를 위한 교통감응식 기법이다. 알고리즘은 진입로와 본선의 측정값에 근거하여 램프의 교통수요와 본선의 예측되는 교통상황과의 단기적 최적화를 추진한다.

6.11.2. 지표

허용 진입률 $q_{진입,\ 허용}$은 다음과 같이 산출된다.

$$q_{진입,\ 허용} = q_{램프}\left(\frac{Q_{본선,\ mak}}{Q_{본선,\ mik}} \cdot f_q\right)^{\lambda} (대/h)$$

$q_{진입,\ 허용}$ = 다음 신호주기의 허용 교통량(대/시)

$q_{본선,\ mak}$ = 상류부(약 1.500 - 1.900 m) 측정 교통량, 주기 = 45 - 60초(대/시)

$q_{본선,\ mik}$ = 상류부(약 600 - 900 m) 측정 교통량, 주기 = 15초(대/시)

fq = 보정계수[-]

λ = 분산변수[-]

"2개의 교통량 $q_{본선,\ mak}$과 $q_{본선,\ mik}$는 다른 주기를 기준으로 한 동일한 교통흐름으로서 1의 값을 중심으로 변하게 된다 - (예. 진출구)와 같은 시스템적인 편차가 없을 경우 이는 보정계수 fq에 의하여 보정된다.

지수 λ는 알고리즘의 민감도 분산을 조정한다. 1보다 작은 값은 실제 교통상황에 강하지 않게 반응하는 것을 의미하며, 1보다 클 경우 산출된 진입률의 편차가 크게 영향을 미친다 [Trapp, 2006].

$q_{진입,\ 허용}$으로부터

$$T_c = \frac{3,600s/h}{q_{진입,\ 허용}}$$

이때 m = Green당 차량수

주기 Tc가 산출된다.

6.11.3. 경험

6.11.3.1. 적용 지역

알고리즘은 2011년 4월 기준 Baden-Wuerttemberg에서 구축 중이다.

6.11.3.2. 실제 경험

다수의 시뮬레이션 분석에 의해서 진입교통량이 많은 경우 알고리즘 PRO는 효용성이 높은 것으로 증명되었다. 진입로에서의 긴 대기행렬은 ALINEA에서 보다 낮게 발생하였다. 알고리즘 PRO는 현재 구축 중이며, 따라서 실증 자료는 아직 공개되지 않고 있다.

6.11.3.3. 시사점

아직 없음.

6.12. 기타 교통관제 기법

6.12.1. 속도 제한

교통축 관제시설에는 일반적으로 횡단면을 기준으로 한 표준화된 속도제한이 설치되었다. 교통흐름을 조화롭게 하거나 위험지역 앞에서 속도를 안전한 수준으로 낮추거나 환경과 관련된 대책들을 지원한다.

일반적으로 속도제한은 120 km/h, 100 km/h, 80 km/h, 60 km/h와 40 km/h로 표시된다. 이 표시셋은 프로젝트별 속도표시로 확대될 수 있다.

6.12.2. 위험경고

교통축 관제시설에는 경로상 인근의 위험이나 속도제한을 알려주기 위하여 표준화된 속도경고가 투입된다. 속도경고는 StVO에 따른 다음과 같은 표식이 일반적으로 포함된다.

- 표식 101: 위험장소
- 표식 113: 적설 또는 결빙
- 표식 114: 습윤 또는 먼지 시 전복위험
- 표식 123: 공사
- 표식 124: 정체

이 표식들은 StVO에 따른 프로젝트별 위험경고로 확대될 수 있다.

6.12.3. 차로폐쇄

교통축 관제시설에는 차로 상부에 그리고 차로 측면에 표식이 설치되지 않았을 경우 차로폐쇄가 적용될 수 있다. 차로폐쇄는 사고장소 회피, 고장차량, 장단기간의 공사공간 확보(이동 공사 포함), 동절기 유지보수와 차량통제 등을 위하여 투입된다.

6.12.4. 차량 간격 경고

차량 간격경고는 좁은 간격으로 뒤따르는 차량 간(예, 오르막 경사 화물차) 또는 아주 작은 위험한 차두간격을 갖는 긴 차량군을 경고하게 된다. 대책 작동에 있어서 언제 영향을 받게 되는 차량이나 차량군이 다음 VMS를 통과하게 될지 그리고 실제 교통축 관제시설의 여건에 따라 구간 데이터의 수집과 작동 시까지 소요시간을 고려해야 한다.

6.12.5. 설정 대책형태

설정 대책형태는 외부 시스템(예, 터널 제어)으로부터 교통관제시설제어가 반응하게 되는 대책이 주어지는 경우를 의미한다.

6.12.6. 통행시간 정보

교통망 관제개념 대책으로서, 예를 들어 2개 대체 노선 간 또는 목적지 / 교차점에 대한 통행시간 정보가 적용될 수 있다.

6.12.7. 목적지 정보

교통망 관제시설에는 우회 대책으로 추가적이거나 대체적인 특정 목적지에 대한 정보가 투입될 수 있다.

6.12.8. 단순 교통망 모델

단순 교통망 모델은 소규모 망에서 대체 경로 제어에 적용된다. 예측이 반영되지 않고 교통상황의 평가는 정상과 대체경로 간 실제 교통상황에 기초한다. 제어는 다수의 논리적 임계값 질의에 기초하여 이루어진다.

단순 교통망 모델은 Rheinland-Pfalz, NRW, Nordbayern과 Sachen-Anhalt에서 운영 중이다. 첫 번째 적용지역으로서 BAB A1, A3와 A4에 걸친 Koelner Ring이 예정되었다.

6.13. 종합

표 6-4에는 독일과 오스트리아에서 적용 중인 대책들이 정리되었다.

표 6-4 교통제어 대책별 적용지역

	Schleswig-Holstein	Hamburg	Bremen	Mecklenburg-Vorpommen	Brandenburg	Berlin	Nidersachen	Sachsen-Anhalt	Thrüngen	Sachsen	Hessen	NRW-Westfalen	NRW-Rheinland	Rheinland-Pfalz	Saarland	Baden-Wuerttemberg	Nordbayern	Suedbayern	ASFiNAG(Oesterreich)
속도제한	×	×	×	×	×	×	×	×	×	×	×	×	×	×	×	×	×	×	×
위험경고	×	×	×	×	×	×	×	×	×	×	×	×	×	×	×	×	×	×	×
교통장애 화물차 추월금지	×	×	×		×		×	×	×	×	×	×	×	×	×	×	×	×	×
저속차량 경고			×																
차로폐쇄	×	×	×	×		×	×	×	×	×	×	×	×	×	×	×	×	×	×
자율적 대안형태		×	×													×		×	×
방향별 운행		×		×		×	×												
일시적 갓길 허용	×		×				×				×	×	×			×**	×	×	
단순 교통망 모델		×						×		×		×	×		×		×		
광역 교통망 제어대책	×						×				×	×	×	×		×	×		×
운행시간 정보			×								×							×	
목적지 정보	×	×			×		×	×		×	×	×	×	×	×	×	×	×	×
가변 차로배정						×	×					×	×					×	
진입 교통류 제어			×2			×1						×	×	×		×**		×	

6.14. 교통상황과 대책별 연관성

표 6-5는 5장에서 설명된 상황분석기법과 7장에서의 대책별 연관성을 나타내고 있다.

표 6-5 교통상황 대책연관 매트릭스

대책 …상황에서	구간 제어						교통망 제어				교차로 제어	
	속도 제한	위험 경고	화물차 추월 금지	저속 차량 경고	방향별 운행	일시적 갓길 허용	단순 교통망 모델	광역 교통망 제어 모델	운행 시간 정보	목적지 정보	가변 차로 배정	진입로 제어
MARZ AID	×	×	×		×	×					×	
AK VRZ VKDiff		×										
MARZ Unstable	×	×										
Dynamic Fundamental Diagram	×											
Kalman-Filter		×										
INCA	×	×	×									
AIDA	×	×										
Fuzzy	×	×										
높은 화물차-비율			×									
저속 화물차				×								
Immission	×	×										
PM-Algorithm	×	×										
Rain	×	×										
Fog	×	×										
Noise	×											
Simple Travel time model									×			
Deterministic 정체모델 운행시간		×							×			
ASDA/FOTO									×			
Network Prognose Model							×	×	×	×		

대책 …상황에서	구간 제어						교통망 제어				교차로 제어	
	속도 제한	위험 경고	화물차 추월 금지	저속 차량 경고	방향별 운행	일시적 갓길 허용	단순 교통망 모델	광역 교통망 제어 모델	운행 시간 정보	목적지 정보	가변 차로 배정	진입로 제어
AK VRZ 교통분포도 예측												
AK VRZ 정체파급 분석							×	×				
MONET, VISUM-online							×	×				
Koeln-Koblenz Algorithm							×	×				
단순 교통망제어모델							×	×				
Polydrom							×	×	×			
교차로 교통여건											×	×

제 07 장 대책 평가

7.1. 목적

대책평가는 공간적으로 중첩되어 서로 상충되는 대책들을 상호 비교하기 위한 것이다.

7.2. 상충 대책 비교

모든 대책에는 공간적으로 대책 간에 중첩될 수 없는 서로 다른 많은 대책들 간에 상호 연계될 수 있다. 이때 비교는 다음과 같이 이루어진다.

1. 확정은 매트릭스를 통하여 수행된다. 이때 배제되는 대책들이 공간적으로 조정될 경우 적용이 가능하거나 또는 완전히 배제되어야 할지를 결정한다.
2. 처리는 배제 매트릭스 내 확정을 통하여 수행된다.
3. 비교 시 이미 사전 검증단계에서 완전히 배제된 대책들은 더 이상 고려되지 않는다.
4. 비교는 공간적으로 중첩되는 기준을 갖는 대책들에 대해서만 진행이 된다.
5. 배제 매트릭스 내에서 공간적인 조정이 확정되면 배제되는 대책에 대해서 공간적인 확장이 가능한 한 넓게 조정된다(구간, 망, 영역에서만 의미 있음). 즉, 대책의 공간적 범위는 축소된다.

예:

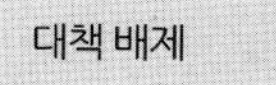

대책

	M1	M2	M3	M4
M1		공간적	공간적	공간적
M2			공간적	공간적
M3				완전히
M4				

M1 = 제한적 대책

M4 = 부분 제한적 대책

원칙적으로 유효 : 공간적 중첩에 있어서 부분적 제한 중첩의 대책은 배제되며, 완벽한 공간적 확보에 있어서는 부분 제한적 대책은 누락된다.

A: 상황 → 대책 묘사 이후 대책 공간적 분포

```
M1                                    ^------------^
M2                          ^---------^          ^---------^
M3                      ^-----^
M4                    ^-------^    ^             ^----------^
```

A에 대한 설명

- 상황 → 대책 묘사 이후 초기상황

B: M1 검증 이후 대책 공간적 분포

```
M1                                    ^------------^
M2                          ^-----^                      ^----^
M3                      ^-----^
M4                       ^-------^                    ^-------^
```

B에 대한 설명

- M2는 M1이 M2와의 공간적 중복이 배제되기 때문에 M1과의 중복 영역 내에서 공간적으로 축소되었다.
- M4는 M1이 M4와의 공간적 중복이 배제되기 때문에 M1과의 중복 영역 내에서 공간적으로 축소되었다.

C: M2 검증 이후 대책 공간적 분포

```
M1                      ^------------^
M2             ^-------^              ^----^
M3          ^--^
M4         ^---^                        ^-^
```

C에 대한 설명

- M3는 M2가 M3와의 공간적 중복이 배제되기 때문에 M2와의 중복 영역 내에서 공간적으로 축소되었다.
- M4는 M2가 M4와의 공간적 중복이 배제되기 때문에 M2와의 중복 영역 내에서 공간적으로 축소되었다.

D: M3 검증 (결과) 이후 대책 공간적 분포

```
M1                      ^------------^
M2             ^-------^              ^----^
M3          ^--^
M4                                              ^-^
```

D에 대한 설명

- M4(좌측 영역)는 M3이 M4와의 공간적 중복이 배제되기 때문에 완벽히 누락되었다.

7.2.1. 교통망 관제시설 – 개념 대책 비교

개별 Decision point에서 우회경로안내는 제어알고리즘을 통한 경로선택으로부터 직접적으로 도출된다. 상황신고의 생성은 (정체, 사고, 공사 지점정보)에는 다음과 같은 규정이 적용된다.

- 돌발이 감지되면, 그러나 우회는 작동되지 않아도 되는, 모든 해당되는 경로에 대하여 정체, 사고 또는 공사에 대한 안내가 요구된다(운영상태 0)
- 작동 중이거나 대체경로에 대하여 (다음 Decision point에서의 작동이 수행되는 해당되는) 예측에서 가능한 정체 처리(장래 시점에)를 위한 구간 용량이 초과되지 않고, 실제 시점에 이 경로에 정체가 확인되었을 경우(정체 분석으로부터), 우회안내가 요구된다. 추가적으로 연계되지 않은 경로에 대한 사고나 공사에 대한 정보도 요구된다(운영상황 1).
- 대체(연계되지 않은) 경로에 대하여 (다음 Decision point에서의 작동이 수행되는 해당되는) 예측에서 가능한 정체 처리(장래 시점에)를 위한 구간 용량이 초과되지 않았으

나, 실제 시점에 이 경로에 정체가 확인되지 않을 경우(정체 분석으로부터), 우회안내와 정체위험에 대한 정보가 과포화가 예측되는 첫 번째 교차로부터 요구된다. 추가적으로 연계되지 않은 경로에 대한 사고나 공사에 대한 정보도 요구된다(운영상황 2).

- 대체(연계되지 않은) 경로 상에 정체가 확인될 경우 (정체 분석으로부터) 우회안내와 정체위험에 대한 정보가 과포화가 예측되는 첫 번째 교차로부터 요구된다. 추가적으로 연계되지 않은 경로에 대한 사고나 공사에 대한 정보도 요구된다(운영상황 3).
- 접수된 사고 또는 공사정보로부터 생성되는 교통관제센터－신고에 의해 대체(연계되지 않은) 경로 중의 하나에 교통을 위한 차로가 확보되지 않을 경우 우회안내와 첫 번째 해당되는 지점 이전의 다음 교차로에서 영향("완전 폐쇄")을 포함하는 원인에 대한 정보가 주어진다. 이 경로 상의 다른 장애에 대한 추가적인 정보는, 예를 들어 LCS 표출정보의 공란 요구 등을 통하여 제공되지 않는다. 연계되지 않은 다른 경로 상의 정체, 사고와 우선순위 등의 정보는 이에 반하여 요구된다(운영상황 4).

이와 같이 생성된 표출정보 요구는 (변수화가 가능한) 우선순위로 결정된다.

표출정보 창에 단지 하나만 Delestage 화살표만 표시가 가능할 경우(예, 사전 정보안내 표식) 두 개의 Delestage 화살표의 표출정보(다양한 목적지에 대한 두 개의 서로 다른 우회경로에 대하여)가 요구되면, 요구된 표출정보는 표시되지 않고, 대신 사전에 설정된 대책 표출정보가 생성된다(초기 설정: "off").

표출정보 생성의 기본이 되는 방향안내와 상황신고 리스트는 우선순위에 따라 전체 작동요구 DB에서 선택된다. 우선순위가 동일하다면 리스트는 통합된다.

전해진 방향안내 리스트는 확정된 순서에 의하여 표시된다(작동명령으로 전환되는). 더 이상 표시되지 못하는 방향안내는 제거된다.

제 08 장 표출정보 생성

8.1. 개요, 한계

이 장은 대책들이 어떻게 표출정보로 지정되며 규칙, 흐름과 프로그램들이 LCS의 표출정보와 운영시설로 전환되는지를 설명한다.

모든 대책들은 상호 간 그리고 다른 대책의 표출정보들과 함께 비교되는 하나 또는 다수의 표출정보로 지정된다.

제어시스템 내에는 VMS 표출정보 작동에 대한 요구가 존재한다(우회도로 안내, Pole, Signal, 차선표식 등). 이 요구들은 한 측면에서는 기본요구로서 또 다른 측면에서는 시설의 운영 중 새로운 요구로서 자동으로 생성되거나 수동으로 작동된다.

LCS에 대해서 동시에 다수의 다양한 요구가 발생할 수 있으므로 이 요구들을 공간적 그리고 시간적으로 잘 배치하여 어느 시점이나 어느 지점에 표시되는 표출정보가 교통측면에서 안전하며, 타당하고 상황에 적합한 상태가 되도록 해야 한다. 교통법규 측면에서 관점은 개별적으로 해당 도로교통기관과 협의되어야 한다.

해당되는 조건이 만족될 경우 표출정보가 요구된다. 동시에 다수의 표출정보가 요구될 수 있다. 이 요구들은 잠금(참고 8.8), 우선순위(참고 8.7)와 종과 횡방향 비교(참고 8.6)의 규정에 따라 중첩된다.

계속하여 결정된 표출정보들이 표시되며 이때 전환의 시간적인 흐름들이 준수된다(Progression, 참고 8.10).

8.2. 대책 표출정보 보드 배정

그림 3-2에 따라 4장에서 상황이 산출되고 5장에서 비교된다. 7장에서 이 상황에 대한 대책들이 정의되고 상호 비교된다.

이 장에서는 개별 대책으로부터 요구가 LCS 작동으로 어떻게 도출될 수 있는지를 정의한다. 여기에는 해당되는 교통표식판의 선택이 아니라 표식 횡단면에 대한 시간적 · 공간적 배정이 주로 다루어진다.

대책들은 장소와 시점에 기준한다(7장 참고). 상황의 장소가 표식 횡단면과 항상 일치하는 것은 아니므로 이러한 기준을 생성하는 배정이 필요하다.

8.2.1. 교통축 관제시스템

이 절에서는 VMS에 대책들이 어떻게 반영되는지에 대한 교통축 관제시스템의 규칙에 대하여 설명된다. 대부분의 대책들에 있어서 개별 정보제공단면에 대한 직접적인 기준이 없이 이동하는 프로그램을 다루고 있으므로 이러한 배정은 필요하다.

이러한 배정에 있어서 다음과 같은 관점들이 고려된다.

- 작동이 하나 또는 다수의 VMS에 표출되어야 하는지를 결정한다.
- 개별 대책은 상황의 영향반경 내에 있는 모든 VMS에 표출되어야 한다.
- 동일한 대책은 상황 영향반경 상류부에 위치한 VMS에도 요구되어야 한다.
- 하나의 대책은 상황이 필요로 할 경우 2개의 VMS에 중복하여 표출될 수 있다.
- 대책은 상황이 존재하는 시간까지 최소한 운영되어야 한다.
- 상황의 영향 종료 이후에 대책들이 자동적으로 정해진 규칙에 의하여 소멸된다는 것을 가정한다.
- 요구되는 VMS에서 비교가 있어야 한다는 것을 전제로 하나, 실제 해당되는 요구사항의 중첩에 있어서 최종 비교가 기존에 설정된 비교 규정에 의하여 추후에 수행될 수 있을 경우 포함되어서는 안 된다는 것도 가정한다.

8.2.2. 교통망 관제시스템

교통망 관제시스템의 개념은 VMS(-VMS chain)의 (필요할 경우 다수의) Decision point에 대한 고정된 배정을 통한 대책의 상황 배정이다.

8.3. VMS 표출 요구

다음에 설명될 VMS 정보표출을 위한 규칙의 기초에는 개별 VMS에 대한 모든 가능한 대책(참고. 7)에 대한 VMS 표출정보가 정의된다. 대부분 해당 VMS 전후의 VMS도 해당되며, 예를 들어 점진적 속도제한을 위한 교통축 관제시스템에 있어서 해당되는 VMS 이전 또는 구간 폐쇄에 있어서 후방에 위치한 VMS 등을 의미한다. VMS 표출정보는 교통관제시스템의 서브센터 내에 저장되어 있거나 규칙에 의하여 자동적으로 생성된다(예. 교통축 관제시스템: 교통표식 "적색 사선 십자막대기"에 의한 폐쇄된 차로 전방의 황색 점멸등).

다양한 교통관제시스템에 대해서 다음과 같은 상황이나 제어 대책들이 있다(완벽하지 않음).

교통축 관제시스템 : 기본설정, 자율설정(기술적 장애 시 VMS 표출정보, 8.11 참조)

자동 작동 : 속도 조화, 불안정 교통류, 정체 경고, 화물차 - 정체, 정체위험, 미끄럼 경고, 안개경고(가시거리), 측면풍 경고, 개별 저속차량 경고

수동 작동 : 결빙 경고, 공사 프로그램, 전방 교통사고 경고, 착오 운행, 완전 폐쇄, 진입 지원, 화물차 - 통제,

교차로 관제시스템 : 진출입을 위한 우측 차로 허용

진입제어시스템 : 주기당 한대 진입, 주기당 2대 진입, 진입 차단

교통망 관제시스템 : 정상 / 대안 경로 1, 2, … (목적지 정보제공) 상 우회안내 없는 정체 경고,

정상 / 대안 경로 1, 2, … (목적지 정보제공) 상 우회안내 있는 정체 경고

정상 / 대안 경로 1, 2, … (목적지 정보제공) 상 우회안내 있는 폐쇄

추가적인 이용사례는 터널 운영, 가변차로제, 갓길 차로 운영 등이다.

도출된 VMS 표출정보는 다수의 상호작용하는 시스템들의 VMS 정보를 포함하며, 예를 들어 교통축 관제시스템의 차로폐쇄와 진입제어시스템과 같이 운영되는 교통망 관제시스템의 우회도로 안내이다.

8.4. 정의, 용어

운영 프로그램은 다음과 같은 제한을 갖는 VMS 표출정보이다. 이들은

- 사전 정의
- 운영자에 의하여 실시간 변경 불가
- 폐쇄 가능

운영 프로그램은 터널제어나 가변 차로제어에 있어서 필요하다. 하나의 운영 프로그램은 개별 표출정보나 하나의 작동논리를 호출할 수 있다.

기본설정은 기타의 경우 다른 요구가 생성되지 않는 사전 정의된, 교통적 그리고 교통법규적으로 비장애 시 시스템에서 생성되는 하나 또는 다수 VMS의 표출정보가 명확한 상태이다.

기본상태는 TLS에 따른 구간장비의 자율적 운영 시 VMS의 기본설정이다.

8.5. 작동 유형

8.5.1. 자율 프로그램

자율 프로그램에서는 최소한 한 단계, 즉 VMS 콘텐츠의 작동과 종료가 자동적으로 수행된다. 자동 프로그램에는 RWVA의 4.3에 따른 VMS 콘텐츠와 종-과 횡방향 비교의 우선순위 규칙이 적용된다.

다음과 같은 유형이 분류된다.

완전 자동(closed loop) : 모든 개별 단계는 자동적으로 수행된다. 수동 개입이 필요하지 않다. 해당되는 VMS 콘텐츠는 실제 교통-과 환경데이터에 기반하여 활성화되거나 비활성화된다. 교통축 관제시스템에서 정체경고, 교통류 조화, 미끄럼-과 안개경고는 자동 프로그램으로 실현된다.

반 자동(open loop) : 데이터 수집, 상황분석과 작동 프로그램의 추천은 자동적으로 수행된다. 운영자는 추천된 프로그램을 작동하고 운영을 단계별로 감시하고 작동 종료한다. 적용 사례는 일시적 갓길 차로 운영 등이다.

자동 작동과 수동 종료 : 이 유형의 자동 프로그램은 주로 도로 터널에서 활용된다. 터널 화재 감지 시 자동적으로 폐쇄된다. 터널 폐쇄 종료는 수동적으로 교통관제센터나 터널-의 운영자에 의하여 터널의 화재신고시스템에 의하여 이루어지며 터널이 감시된다.

8.5.2. 수동 프로그램

수동 프로그램에서는 모든 단계들이, 즉 작동과 종료가 운영자에 의하여 수행된다. 이때 특별 프로그램과 수동 작동이 구분된다.

8.5.2.1. 특별 프로그램

RWVA : "특별 프로그램 – 특별 작동: 언제든지 자동 제어를 통하여 제한된 표식으로 대체될 수 있는 고정–정의 표시 프로그램(수동 작동에 비하여)."

MARZ : "특별 프로그램: 특수한 경우에 모든 운영단말기로부터 특별 프로그램 작동 가능성이 있다. 모든 특별 작동은 자동화의 제한된 작동을 통하여 언제든지 변경되거나 덧쓰여지게 된다."

특별 프로그램에서 VMS 콘텐츠는 수동으로 주어진다. 특별–과 자동 프로그램은 동등한 우선순위를 가지며, 특별 프로그램의 내용은 VMS 표출정보 생성에 반영된다.

특별 프로그램의 특이점은 운영 프로그램(터널, 가변차로운영)이다. 운영 프로그램은 사전 정의된 프로그램으로서 특별한 경우에 요구된다. 사례는

- 가변 차로운영에서 허용되는 차로의 개별 작동
- 터널 우회 프로그램
- 차단 프로그램
- 차단기 프로그램

8.5.2.2. 수동 작동

RWVA : "수동 작동: 수동 작동은 VMS의 고정 정의된 프로그램 또는 개별 작동으로 운영자가 동작을 시키며 다른 수동 작동(예. 표시 횡단면에서)에 의해서만 변경이 가능하다"

MARZ : "수동 작동: 시스템은 하나의 표시 횡단면에서 임의의 심볼조합을 가능케 하여야 한다. 이때 상충 매트릭스를 이용한 타당성 검증이 수행된다. 수동 작동은 자동–과 특별 프로그램에 비하여 가장 높은 우선순위를 갖는다. 종방향 비교가 시스템으로부터 제안되고 추가적인 타당성 검증 결과를 고려하여 수정될 수 있어야만 하는 작동 추천이 이루어진다. 이러한 작동 조합의 수행에 대한 모든 책임은 운영자가 갖는다."

수동 작동은 특별–과 자동 프로그램에 대하여 높은 우선순위를 가지며 수동 작동의 수동 지침은 자동–과 특별 프로그램의 현재 요구를 덮어쓰기할 수 있다. 따라서 수동 작동에는 VMS 콘텐츠와 종–과 횡방향 비교 우선순위 규칙이 작용되지 않는다.

8.5.3. 타시스템 구성을 통한 VMS 작동

VMS는 일반적으로 해당되는 서브센터를 통하여 횡단면 상으로 작동된다. 운영적으로 특수한 경우에 (예. 터널 제어, VMS 유지보수) 대하여 다른 시스템 구성, 예를 들어 Communicaion-computer-inselbus(KRI), 구간 단말기 운영단말(SST), 경찰 운영단말 등을 통하여 작동될 수 있다. 구간단말기는 운영 유형 "수동 운영", "비상 운영", "서브－장비－수동운영", "KRI－운영" 또는 "외부 운영"을 신고한다. 서브센터는 이 경우 다른 어떤 설정명령을 발신하지 않으며 다른 경우 이들은 SST에 의하여 부정적으로 간주된다.

해당되는 사항들은 TLS로부터 참고한다. 중요한 것은 앞에서 언급된 모든 운영유형의 신고 시 현재 작동 중인 모든 서브 센터의 설정 명령이나 작동요구는 덮어 쓰게 된다.

수동 운영 시 표시횡단면－답신 제어는 고려될 필요성이 없다. 이들은 발신된 명령에만 반응한다. 이로서 횡－과 종방향 비교에 대한 단기 유지개입이 인접한 actor에 영향을 미치는 것을 방지한다.

8.5.4. 종합

표 8-1 서브센터 작동 유형

서브센터작동 유형	프로그램 우선순위	종방향 비교	횡방향 비교	서브센터 차원 차단	현장장비 차원 차단	침입	교통표식 우선순위 규칙 중첩	운영자 작동 요구/취소	시스템 요구(A)/제안(V)	Online 변경가능 (접근권 관련)
서브센터 수동 작동	높음			표식	표식			×		×
자동 프로그램 (closed loop)	낮음	×	×	표식	표식		×		A	×
반자동 (open loop)	낮음	×	×	표식	표식		×	×	V	×
특수 프로그램 (사고/공사)	낮음	×	×	표식	표식		×	×		×
운영- 또는 터널 프로그램	낮음	×1)	×1)	프로그램/표식	표식	×	×1)	×	A	

1) 시설에 따라

8.6. 종과 횡방향 비교

8.6.1. 개요

종방향 비교 시 서로 전후방으로 인접한 표시횡단면들은 조정되며, 횡방향 시에는 하나의 표시단면들간에서 조정된다. 서로 상충되거나 교통법규적으로 허용되지 않는 표식 방지 이외에 지속적이며 key word 형태의 정보표시가 가능하다.

종-과 횡방향 비교는 모든 표식횡단면 또는 모든 VMS에 대하여 입지, 교통기술적 설치목적 또는 기술적 운영 등의 주변 여건을 고려하여 변수화가 가능하다.

8.6.2. 교통축 관제시스템 횡과 종방향 비교 규칙

MARZ

"횡단면 비교 상호 상충되는, 허용되지 않거나 교통적으로 위험한 LCS 표출정보 조합이 작동되어서는 안 된다. 개별적으로 다음과 같은 사항들을 주의한다.

- 한 방향 LCS B 또는 LCS C는 동일해야만 한다."

한 방향 LCS B 또는 LCS C는 동일해야 한다. 필요한 경우, 예를 들어 화물차-추월금지와 공사장 조합 시, 이로부터 예외가 될 수 있다.

MARZ

- 한 방향에서 LCS A의 속도제한은 일반적으로 동일하다(RLCS 비교).
- 지속 표식등 "황색 점멸화살표"는 폐쇄되었거나 비워져야 하는 차로에는 적용될 수 없다.

사전경고

LCS i 전방의 위험에 대하여 상류부에 충분한 거리에 LCS가 있을 경우 사전 경고가 표시된다.

사전 경고들은 해당되는 RLCS에 설치된다.

종방향비교

종방향 비교 시 LCS 콘텐츠들은 인접한 LCS들과 조정된다. 이때 LCS 간의 간격이 고려된다. 서로 상충되거나 교통법규적으로 허용되지 않는 표식 방지 이외에 지속적이며 key word 형태의 정보표시가 가능하다. 개별적으로 종방향 비교를 통하여 다음과 같은 규칙들이 검증된다.

1. 속도제한 또는 화물차 – 추월금지는 만일 LCS 간 간격이 1.500 m 미만일 경우 최소한 2개의 전후방 LCS(i와 i + 1)에 작동되어야 한다. 작동 종료는 LCS i + 2에서 만일 다른 우선순위를 갖는 LCS 표출정보가 요구되지 않을 경우 이루어진다.
2. 다수 장소에서 돌발 상황 시 프로그램이 중첩될 경우 표출정보의 비교가 수행된다.
3. LCS 정보 순서는 최소한 2개의 인접한 LCS가 흑 또는 교통표식 Z 282 StVO(모든 구간금지 종료)가 작동될 경우에만 종료될 수 있다. 아닐 경우 이 LCS에는 허용 최고속도 120 km/h가 표시된다.

4. 상회하는 속도는 해당되는 양 인접한 단면에서 수정된다(예. 80 – 100 – 80은 80 – 80 – 80으로). 속도 차이(40 또는 20 단계)는 변수화가 가능해야 한다. 이때 LCS 간 간격이 고려되어야 한다. 낮은 속도들은 안전상 이유로 항상 작동되어야 한다(예. 100 – 80 – 100).
5. LCS – 표시 종료는 RLCS에 의하여 이루어진다.
6. 교통축 제어시스템 종료 지점에는 속도표시 중복과 화물차 – 추월금지가 금지된다.

8.6.3. 교통망 관제시스템 – 개념 횡 – 과 종방향 비교

교통망 관제시스템의 우회도로안내 시스템에서 고정식 우회도로안내는 비교 시 함께 고려된다. 먼저 정보표시시스템의 오류 시 또는 고정 목적지의 경우 대체 작동이 수행된다. 이후에 우회도로안내 시스템의 횡방향 비교 규칙을 고려하여 목적지들이 형성된다. 목적지들이 형성될 수 없을 경우 목적지 고리는 해당되는 종방향 비교를 종료한다.

8.5.2.3. 횡방향 비교

동적 목적지 문자(위치 또는 이벤트 정보와 함께)는 해당되는 Decision point에 이미 높은 우선순위를 갖는 다른 방향을 제시하는 동일한 목적지 문자가 있을 경우 제시되지 않는다. 목적지 문자의 우선순위는 정해져야 한다. 이때 우회도로안내 규칙은 예를 들어 RWBA와 같은 접이식 판 등을 고려해야 한다.

횡방향 비교 시 모든 정보표시 단면에 대하여 높은 우선순위를 갖는 목적지들은 물리적으로도 높은 줄에 표시된다. 하나의 줄에는 좌측이 높은 우선순위를 갖는다. 이를 통하여 도로안내 표지판에는 명확한 표기 우선순위 규칙이 설정된다: 위에서 아래 줄, 줄 내에는 좌측에서 우측.

낮은 우선순위에 의하여 제시되지 않는 목적지들은 이후에 수행되는 종방향 비교 시 고려된다.

기계식(접이식) VMS 도로안내 줄 고장 시 이 상황이 서브센터에 알려져 있을 경우 이는 제어기술적으로 고정식 도로안내로 처리된다.

8.5.2.4. 종방향 비교, 연속 규칙

구간을 따라 지속성 있는 정보표출을 위하여 전체 관제 경로에 대하여 제어모델로부터 작동명령이 조정된다.

종방향 비교에서 대책 영역 내 특수한 알고리즘은 작동되는 도로안내 목적지에 따라 교통망 상에서 링크와 링크를 스스로 모든 가능한 출발지부터 시작하여 모든 목적지로부터 "이동"한다. 도로안내의 지속성이 고려된다.

동적 다중 화살표식이 다른 제어대책으로부터의 작동요구, 예를 들어 현장 작동 또는 수동 작동에 의하여 "off"일 경우, 또는 구간장비의 잘못된 접속에 따른 작동 상태인 것으로 간주되면 Decision point에서는 정상경로가 제시된다.

8.5.2.5. 작동 후속운영

RWBA는 교통망 관제시스템의 동적 특성을 감안하더라도 준수되어야 하며, 이는 작동 종료 시에도 기간적인 후속운영이 고려되어야 함을 의미한다. 작동 종료 시점에 (부분-) 경로고리의 링크에 위치한 차량의 목적지 유도는 적정 시간 동안 보장되어야 한다. 따라서 작동 종료는 단계적으로 가장 낮은 것으로 간주되는 링크-운행시간을 기준으로 해야 한다.

8.7. 우선순위

8.7.1. 심볼 우선순위

8.7.1.1. 심볼 우선순위(가변교통정보안내)

동시에 설정된 작동요구 시 개별 심볼에 대하여 우선순위가 설정된다.

위한 규칙이 정해진다. 이에는

- 표출정보 요구가 효과를 발휘하기 위해서 최소 t_min이 종료되지 않고 지속되어야 하며, 그렇지 않을 경우 표출정보 요구는 억제된다.
- 표출정보 요구는 더 이상 존재하지 않더라도 종료조건이 최소한 t_min이 지속될 때까지 요구된다.
- 표출정보 요구에 대한 종료조건이 최소한 t_min_장애가 "산출불가" 상태에 있을 경우 표출정보 요구는 역시 종료된다.

앞에서 언급된 변수들은 알고리즘의 모든 요소와 작동단계가 변수화가 가능해야 한다.

우선순위는 개별 알고리즘의 표출정보 작동요구로부터 다음과 같은 규칙에 의하여 명확한 표출정보요구를 산출한다.

- 가변방향 화살표식에서 도출된 표출정보 작동요구는 가장 높은 우선순위를 갖는 것이다.
- 가변방향 화살표식의 이 상태에 기반하지 않는 방향표식은 제거된다. 남은 방향표식들은 종합되고 해당되는 허용 방향표식의 리스트들로 분류된다. 리스트의 방향표식이 다수 존재하면 초과되는 방향표식들은 리스트로부터 제거된다.
- 가변방향 화살표식의 상태에 배정되지 않는 내용들은 제거된다. 잔여 정보들은 다른 가능한 가변방향 화살표식 상태들로 종합된다. 이렇게 종합된 리스트들은 2단계로 분류되며, 먼저 원인과 강도, 다음에는 위치정보에 따라 각각 해당되는 Decison point의 소속되는 선택 리스트에 의하여 이루어진다. 리스트 내 정보가 다수 포함되면 초과되는 정보들은 제거된다.

이렇게 생성된 표출정보 요구는 대책의 (변수화 가능한) 우선순위가 되며 SWE "작동명령 생성"(데이터분배)에 따라 준비된다.

8.8. 차단

RWVA, 4.4, 3절에서 정의: "교통에 위험을 초래하는 표출정보들은 표식단면에서 차단된다(일반적으로 상충되는 심볼)."

DIN VDE0832-400은 심볼, 신호안전대책과 오류 대응의 차단에 대한 지침을 포함한다.

RWVA는 하나의 표시단면에서 운영자의 차단을 설명한다. 그러나 연속된 표시단면에서 운영자가 차단되어야만 하는 경우가 발생한다. DIN VDE0832-400은 5.3 횡단면 전반 감시에서 차로별 신호제어 시 오류검증을 요구한다.

차단은 추가적으로 구간장비 차원의 하드웨어 차단으로 존재하나, 이는 구간장비에서 LCS에 대해서만 해당된다.

서브센터 단계에서 허용되지 않는 차단 매트릭스 내 심볼 조합은 별도로 저장되고 LCS의 지속검증 시 고려된다. 차단 매트릭스는 사전에 정의가 가능해야 하며, 표시단면별로 모든 금지된 표시 조합들이 개별적으로 금지될 수 있어야 한다.

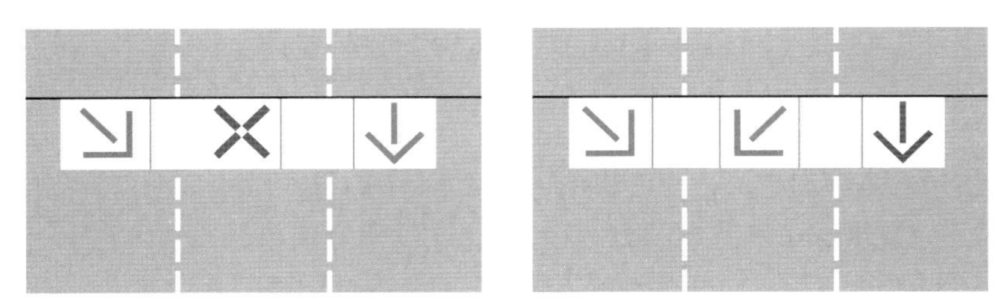

그림 8-1 차단을 요구하는 상태 사례

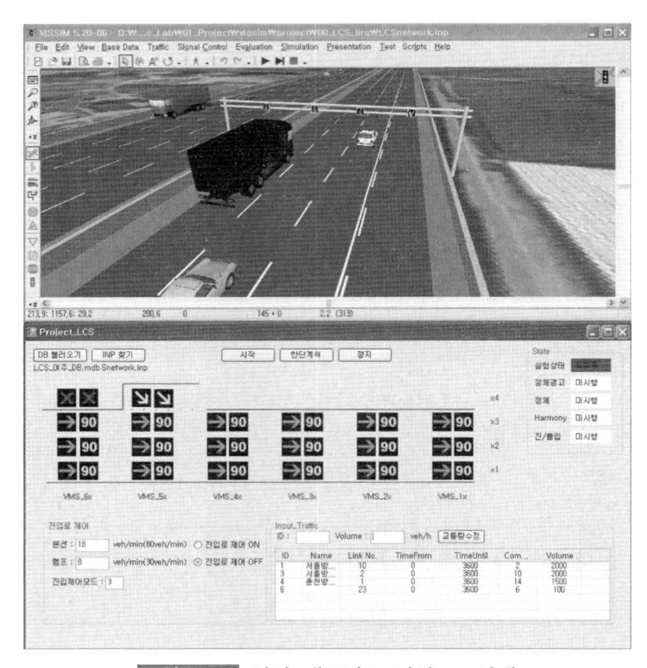

그림 8-2 차단 매트릭스 정의 UI 사례

서브센터 단계 프로그램 차단을 통하여 운영 프로그램 조합 내 허용되지 않는, 원하지 않거나 교통에 위협이 되는 상태들을 방지할 수 있다. 차단된 운영 프로그램의 동시 요구는 배제되며 이들간의 전환은 정의된 중간상태를 거쳐야 한다.

8.9. 중첩, 간섭

교통축 관제시스템에서 다수의 중복된 요구가 자주 발생한다. 자동－과 수동 프로그램 내이 작동상태와 순서는 다수의 동시에 발생하는 자동 또는 수동 요구에 의하여 초래된다.

예를 들어, 운영자로부터 작동된 표식 “공사”의 특수 프로그램은 이 영내에 확인된 정체가 발생할 경우 LCS B에 “정체”로 중첩되고 높은 우선순위로 인하여 “정체”로 덮어 쓰여지게 된다. 촉발된 정체상황이 더 이상 지속되지 않을 경우 작동 “정체”는 자동적으로 종료되고 처음의, 지금까지 중첩된 표식 “공사”가 다시 제시된다.

운영 프로그램은 상호 경쟁하는 작동이 포함되며 신규로 요구되는 프로그램이 기존의 차단되어 있는 프로그램을 요구할 경우 간섭원칙에 의하여 작동된다. 안전한 전환은 특별한 전환 프로그램에 의하여 보장되어야 한다. 이 절차에 있어서 전환과 완성 상태가 질의되거나 운영자 질의가 수행된다.

시스템이나 운영자로부터 종료된 작동의 경우 교통측면에서 안전한 작동상태를 가정한다.

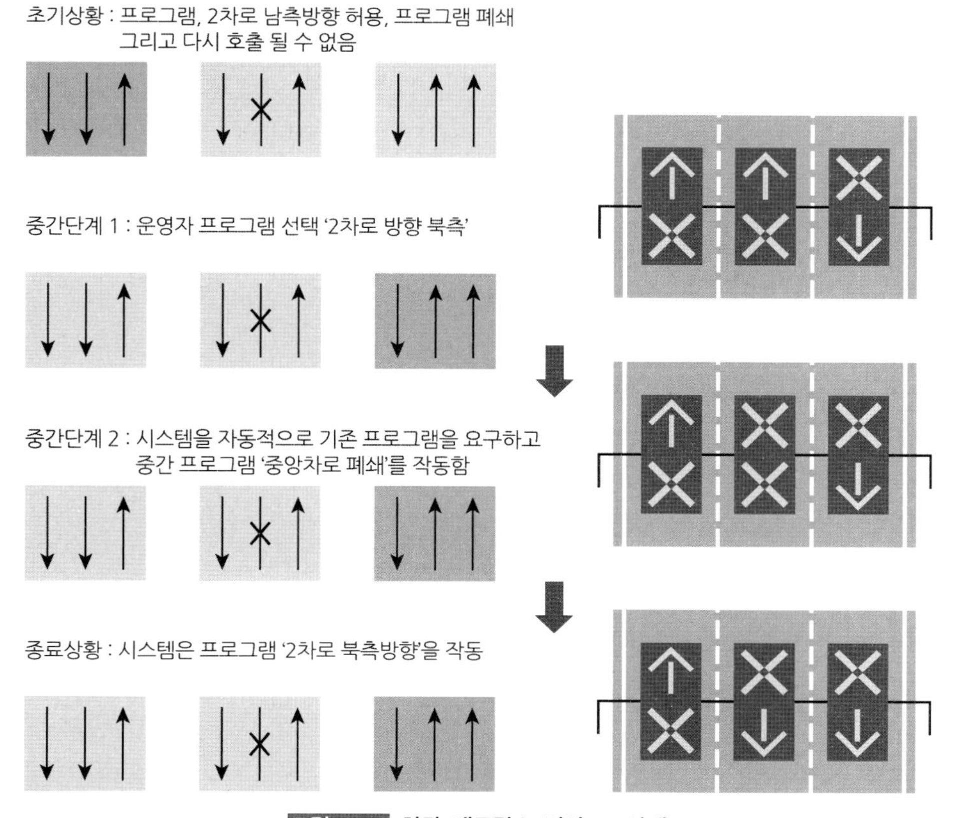

그림 8-3 차단 매트릭스 정의 UI 사례

차단 시 기존 프로그램은 먼저 수동으로 종료되는 동안, 간섭 시에 경쟁하는 운영 프로그램은 자동적으로 신규 프로그램에 의하여 대체될 수 있다.

그림 8-3은 차선의 방향별 운영 시 전환과정을 보여 준다. 좌측 그림에는 운영자가 개별 운영 프로그램을 활성화할 수 있는 작동이 표시되었다. 우측은 시스템의 표식이 제시되었다.

가장 윗줄은 1방향 2개 차로 허용 시 시스템 상태를 나타낸다. 중간 줄에서 운영자는 다른 운행방향의 2개 차로의 허용을 위한 프로그램을 선택한다. 저장된 전환프로그램은 자체적으로 전환의 중간단계를 활성화하며, 즉 양방향 중간 차로를 일시적으로 폐쇄한다. 이 상태가 충분히 오랜 기간 활성화되면 2방향의 2개 차로가 허용된다.

8.10. 점진적 작동

점진적 작동은 서로 인접한 표시단면이나 하나의 표시단면 LCS의 협의된 작동 시 시간적 순서를 의미한다. 점진적 작동은 작동-과 종료 시 필요할 경우 시스템의 전환 시 고려된다.

점진적 작동은 다음과 같이 정의된다.

- 두 개 LCS 간 간격과 허용속도로부터 운행시간과 관련하여
- 예를 들어, 운전자가 시스템이 요구하는 행태를 추종할 수 있는 주어진 시간에 따라 점진적 작동의 사용은 작동의 원인과 관계가 있다. 위험 상황 시 즉각적인 작동이 일반적으로 점진적 작동보다 중요하다.

원칙적으로 LCS는 진입하는 운전자가 최대한 하나의 표시단면에서 한 번의 변경만을 볼 수 있을 시간 차이를 갖고 전환해야 한다.

개별적인 경우 기대되는 효용이 점진적 작동을 위한 구축에 소요되는 비용을 능가하는지를 판단한다.

다음과 같은 상황 시 점진적 작동이 유용하다.

교통축 관제시스템

- 차선 폐쇄 시 교통표식 “황색 점멸 사선 화살표”를 사용하여 차량을 폐쇄되는 차로로부터 이탈시키고 이후에 차로를 폐쇄한다. 연속한 표시단면의 폐쇄는 차량의 점진적 속도에 따라 작동된다.
- 허용 최대속도가 제시되면 이는 구간 금지 무효(교통표식 282) 또는 이전 구간금지에

속한 제시된 속도에 기반한 운행시간 종료 후 모든 LCS에 즉시 작동될 수 있다. 표시단면 "흑"의 허용 최고속도의 종료은 표시단면 간격 간 운행시간의 점진적 진행에 따라 수행된다. 마지막으로 교통표식 282가 종료된다(RLCS 부록 3 참고).

교차로 관제시스템

- 차선폐쇄에는 교통축 관제시스템의 첫 번째 사항이 적용된다.
- 한 차선은 이전에 허용된 운행방향의 폐쇄 이후 차선을 비우는데 충분한 시간이 경과된 이후에야 허용된다.
- 도로우회안내와 연계되는 진출구의 교차로관제시스템에서 먼저 도로우회안내, 다음으로 차로신호와 차선표식등이 전환된다(가변적인 차선배정 지침, 2.23 참고).

교통망 관제시스템

- 연속된 Decision point 표시단면에서 운행시간의 점진적 진행을 고려하여 시간 차이를 갖고 동일한 내용이 제시되어야 한다.

갓길운행 시설(갓길의 일시적 운행허용)

- 차선폐쇄에는 교통축 관제시스템의 첫 번째 사항이 적용된다. 차선 허용 이전에 운영자에 의한 감시가 필요하다(비디오 감시 또는 통제 운행). 개별 신호들은 운행방향과 반대 방향으로 점진적으로 허용된다(가변적인 차선배정 지침, 2.1.3과 2.4.3 참고).

도로터널 교통 관제시스템

- 터널 폐쇄시설에는 차단기, 신호체계와 RABT에 따른 운영 중인 VMS 간의 시간적·기능적 관련성을 유의해야 한다.

8.11. 고장 처리

8.11.1. 데이터 전송

RWVA : "4.4 안전대책과 비상대응

(1) 예를 들어, 제어, 감시-와 통신장비의 고장에 의한 장애 영향은 구간시설 내 대책에 수립되어 안전한 LCS 콘텐츠를 제공하는 기본설정이 작동되어야 한다. LCS-고장에 따른 정보제공은 표시단면에 제시되지 않는다. 이 경우 이전 단면의 교통표식의 제시가 필요한지를 검증한다.

(2) LCS 콘텐츠는 정전 시 기본설정이 제시되도록 운영한다. 이 기본설정은 전기 재 인

입 시에도 계속하여 지속되어야 한다."

MARZ : "2.3.5.5 고장 시 대응전략"

표시단면의 간격은 다음과 같은 전략 적용 시 고려되어야 한다."

8.11.2. 교통컴퓨터 또는 구간장비 데이터 연계

구간장비와 교통컴퓨터 간의 통신 장애 시 연계된 LCS는 다음과 같이 사전에 규정된 기본설정에 따라 자율적으로 운영된다.

- A : LCS는 작동 종료된다.
- B : LCS는 이 운영유형을 위해 규정된 상태를 제시한다.
- C : 경고작동(사고, 정체, 공사, 결빙, 착오운전) 등이 운영 중일 경우 이 작동상태는 연계된 LCS가 상태 A 또는 B로 설정되기 이전에 자유롭게 설정 가능한 시간만큼 작동시킨다.

MARZ : 안내시스템

고장은 표 8-3에 설명된 자동제어에서 대처된다.

표 8-3 안내 시스템 장애처리(MARZ 표 16)

장애 유형	대 책
1) 하나, 다수 또는 표시단면의 모든 LCS C 고장	대책 없음(고장난 LCS C 꺼져있음)
2) 표출정보 중 하나 또는 다수의 LCS B 고장이나 다른 LCS B 기능함.	LCS C는 고장난 LCS B일 경우 꺼지며, 그렇지 않을 경우 대책 없음
3) 표시단면의 모든 LCS B 고장 a) Z 124 (정체), Z 101 (위험장소) + 추가문자, Z 113 (눈 또는 결빙), Z 114 (습윤 또는 오염 시 전복위험), Z 277 (화물차-추월금지) b) Z 280 작동요구 (모든 차종 추월금지 종료), Z 281 (화물차-추월금지 종료), Z 282 (모든 구간금지 종료)	LCS C는 이 표시단면에서 꺼져있음. LCS A는 유지되며, 표시단면 간격이 1,500 m 미만일 경우 LCS B와 LCS C는 하나의 표시단면 상류부로 이동 LCS A는 유지되며, 표시단면 간격이 1,500 m 미만일 경우 LCS B와 LCS C는 하나의 표시단면 하류부로 이동
4) 하나, 다수 또는 표시단면의 모든 LCS A 고장, 특히 Z 274 작동요구 시 (허용 최고속도)	모든 작동 중인 LCS A는 이 표시단면에서 꺼져 있고, LCS B와 LCS C는 유지되며, 추가적으로 위의 대책들은 LCS A, 표시단면 간격이 1,500 m 미만일 경우 LCS B와 LCS C는 다음 표시단면 상류부로 이동
모든 표시단면 고장	대책 1)에서 4)가 수행됨.

8.11.3. 대체 가변도로안내

대체적인 가변도로안내의 고장 시 대책은 표 8-4에 설명되었다.

표 8-4 가변도로 안내시스템 장애 시 대책

장애 유형	대 책
1) 가변우회안내체인의 시작에서 가변안내표지판의 한 줄 또는 하나의 운영 고장	현재 제시된 표출정보가 지속되고, 가변안내체인의 나머지 가변도로안내는 계획된 표출정보로 표출
2) 가변우회안내체인의 시작에서 전체 가변안내표지판의 제어 고장	현재 제시된 표출정보가 지속되고, 가변안내체인의 나머지 가변도로안내는 계획된 표출정보로 표출
3) 가변우회안내체인의 구간시설과 서브센터의 통신 장애	가변우회안내체인의 마지막 표출정보 상태가 통신이 복구되어 원하는 Should-Be에 따른 계획된 표출정보가 표출될 때까지 유지됨.
4) 가변우회안내체인의 중간이나 마지막에서 가변우회안내 또는 이 중 일부 고장	전체 가변우회안내체인이 정의된 기본 상태로 작동됨 (예. 주 경로)

8.11.4. 조명기술적 LCS

TLS에는 조명기술적 LCS 고장 시 어떻게 대응하는지를 규정하였다.

8.11.5. 진입제어시스템

4.1.1은 신호체계 고장 시, 신호시간 오류 시와 상호 조화되지 않는 신호등 시 신호안전대책들을 위한 지침을 포함한다.

"진입제어시설지침(Hinweise zur Zuflussregulierungsanlagen, FGSV 318) : 안전대책이 필요하다.

- 진입로의 모든 폐쇄신호(적) 고장 시 제어는 정지된다: 시스템은 즉시 작동 종료된다. 안전대책이 조건적으로 필요하다.
- 최소 녹색시간-과 폐쇄시간(녹과 적) 미만 시
- 진입로의 모든 허용-과 전이신호(녹과 황) 동시 고장 시

진입제어시스템의 운영자로서 도로교통기관과 도로건설기관은 오류 신호체계로 인한 위험 잠재력과 진입제어의 교통기술적 장점을 고려하여 이러한 안전대책이 필요한지를 결정한다.

안전대책은 다음의 경우 필요하지 않다.

- 허용 신호(녹) 고장 시

- 전이 신호(황) 고장 시
- 하나의 신호등에서 폐쇄－와 허용신호 (적과 녹)의 동시 점등 시

대책들은 진입제어시스템에만 적용된다.

이중진입제어시스템에서 신호안전조건의 상충되는 교통류 간 필요한 제어로 인하여 RiLSA를 준수한다.

8.11.6. 센터

서브센터가 담당하는 모듈 내 작동요구 처리는 설정명령의 철회도 규정한다. 이 명령철회는 서브센터 내에서 작동요구가 전환된 것으로 확인할 수 있고, 이용자에게 작동희망의 완전한 전환을 제시할 수 있기 위하여 필요하다. 안전측면에서 요구가 필요한 심볼이 표시되거나 상태가 구현되어야만 할 때 중요하다. 이 명령철회가 수행되지 않을 경우 해당되는 대책들이 동원된다.

1. 후속 작동

첫 단계에서 정의된 시간 종료 이후 철회명령이 발송되지 않은 운영자에게 새로운 설정명령이 전송된다. 이 시간은 어떤 운영자가 조정되는지와 관련이 있다. LED 또는 차단기는 예를 들어 조명기술적 LCS로서 설정에 긴 시간을 필요할 수 있다.

정의된 부정적 시도 횟수 이후에 추후 어떻게 대처할지를 결정한다. 이때 두 개의 대안이 가능하다.

2a 명령철회 인위적 생성

명령철회는 자동적 또는 운영자에 의한 요구로 추후 프로그램 진행을 가능케 하기 위해 생성된다.

2b 명령철회 감시 무효화

LCS 명령철회 감시는 수동적으로 무효화된다. 이로서 LCS의 명령철회는 일반적으로 기능 재가동 시까지 종료된다.

8.12. LCS 콘텐츠 생성 기타 사항

다음과 같은 주제들이 항상 실 상황에서 논의되고 요구된다. 하지만 이들 주제를 종합적으로 대처할 수 있는 충분한 경험들이 확보되지 않고 있다.

- 작동 종료 : 통신 장애 또는 전광판 오류로 인하여 요구되는 LCS 콘텐츠가 완벽하게 제시되지 못 할 경우 지금까지 적용된 작동을 다시 "체계적으로" 되돌릴 필요성이 있다. 복잡한 경우 (시간/ 공간적으로 점진적 작동) 이 과정은 아직 명확하지 않다. 작동 종료 시 어떻게 대처할지를 규정해야 한다.
- 작동논리 : 터널이나 가변차로제어와 같은 복잡한 시스템에서 작동이 하나의 LCS 콘텐츠만이 아니라 다수의 콘텐츠로 구성된다. 나아가 작동 운영에 있어서 많은 경우 운영자 질의가 필요하거나 다음 단계로 넘어가기 이전에 LCS 콘텐츠에 대한 완전한 전환이 검증되어야 한다. 예를 들어, 이 요구들은 loadable 스크립트에 정의될 수 있어야 한다. 이러한 스크립트의 가능성을 정의한다.
- FG4 Typ16 부정적 판단 : 부정적 판단 시 어떻게 대응할 것인가를 규정한다(예. 작동 종료).
- Tracking : 충분한 기능을 갖는 센터가 확보되어 있더라도 많은 경우 교통제어를 위한 센터 자체가 불안정한 시스템으로서 작동될 때가 있다. 예를 들어, 센터 고장이나 현장시설의 As-is 상태가 센터의 To-be 상황과 맞지 않을 경우 어떻게 될 것인가? 이 경우 센터의 수동 요구가 지속적인 상태를 유지하기 위하여 tracking되어야 한다.
- 운영 완성도 : 언제부터 요구된 LCS가 활성화된 것으로 간주해야 하는지를 정의한다. 운영 완성도는 작동된 심볼의 수 또는 심볼의 의미에 기반하여 결정된다.
- Preview : Preview 과정은 전광판을 작동시키지 않은 상태에서 운영자 UI 상 하나 또는 다수의 운영 프로그램의 활성화 이후 LCS 콘텐츠 상태의 검증을 가능케 한다.
- Simulation : Simulation은 외부시설이 갖추어지지 않았을 경우 테스트 목적으로 활용된다. Simulation은 센터의 연구실용 테스트도 가능하다. 키워드 "virTcal SST". 이를 통하여 현장 내 시스템이 구축되기 이전에 오류들을 사전에 방지할 수 있다.

제 09 장 품질관리

9.1. 용어 정의

품질관리는 정의된 기준을 충족시키는 데 활용하기 위한 기법을 규정한다. 기법은 결과와 과정의 효율성을 제고시키기 위한 대책들을 포함한다. 품질안전은 품질관리의 한 부분으로서 품질관리를 통하여 규정된 대책들을 준수하는 데 활용된다.

교통관제시스템 제어에 기준하여 규정된 품질관리 – 지침이 없기 때문에 모든 이용자는 이 장에서 제시된 대책들을 참고하고 기법들을 결정해야 한다. 따라서 다음과 같은 품질관리 개념들이 사용된다.

9.2. 목표설정

교통관제시스템의 제어 개념 상 품질관리는 다수의 상위 목표를 지향한다. 이들은 특히

- 제어의 지속적 통제
- 제어의 지속적 최적화

이때 품질관리는 제어결정을 위한 모든 단계에 투입된다(참고 9.4).

- 상황수집
- 상황평가

- 대책선택
- 대책평가
- VMS 콘텐츠 선택

제어의 모든 메커니즘과 부분 과정들이 어느 시점에서건 완벽히 분석되고 재현되어야(예. Simulation 환경 내에서)하는 것을 보장해야 한다.

제어단계의 지속적인 통제를 통하여 제어결정 틀 내에서 진행하는 과정들이

- 신뢰있게 진행
- 주어진 교통-과 환경여건을 위하여 적절히 제어
- 기대되는 효과를 도출하거나 적절히 수행되어야 함

통제에 있어서 비규칙성이 발생할 경우 이는 수동적인 최적화 과정으로 연결된다. 시스템에 직접적으로 최적화될 수 있는 것은 제어에 영향을 미치는 변수와 구성(Configuration)이다. 통제는 데이터 처리의 필요한 품질안전대책을 위한 지침으로 제시된다. 개별 제어단계의 통제는 시스템관리자에게 시스템 최적화를 위한 정보를 제공하는 제어에 개입하는 과정을 활성화하지 않는다.

제어의 지속적인 최적화를 통하여 지속적인 운영에 있어서 표준화되고 자동적인 기법조정이 이루어질 수 있다. 예를 들어, AI 알고리즘(예. 인공지능 또는 evolutional 알고리즘에 기반한) 또는 과거 와/또는 가공 데이터들로 변수설정을 시뮬레이션하여 최적의 조합을 산출할 수 있는 다양한 변수 조합 등이 가능하다. 최적화 과정은 개별 제어단계에 활성화되고 시스템의 장래 행태를 직접적으로 변경시킨다.

이러한 통제와 최적화 과정으로부터 평가지표가 도출될 수 있다. 이들은 이용자 지향과 운영자 목적을 포함하는 종합적인 품질관리시스템을 위한 기초를 조성한다.

여기에는 다음과 같은 사항들이 해당된다.

- 이용자 지향 목표
- 상황 기반 제어
- 타당한 제어
- 교통안전 제어
- 정체 감소
- 운행시간 감소
- 환경적 목표
- 운영자 지향 목표
  - 효율성

– 비용감소

– 품질인지

– 경제성

다음에 설명되는 관점들은 제어 메커니즘에 직접적으로 연계되는 목표, 즉 통제와 최적화에 국한된다.

9.3. 내용적 한계

RVBA 7장은 원칙적인 차원의 "교통관제시스템 – 시설의 계획, 건설, 운영과 품질안전(Planung, Bau, Betrieb und Qualitaetssicherung von VBA-Anlagen)"에 관한 내용을 다룬다. 7.4.3 "조정/법적 합리화"에는 8 "효율성과 경제성"을 참조하게 되어 있다. 7.5 "품질안전"에는 조직적은 물론 운영적 품질안전에 해당되는 영역을 초월하는 기본 요구들이 구성되어 있다.

따라서 여기에서는 제어 흐름과 상황수집 – 평가, 대책선택 – 평가와 VMS 콘텐츠 등의 개별 구성을 도출하는 품질관리를 위한 대책들이 설명된다. 이들은 3개 그룹으로 구분된다.

- 운영적 작업흐름의 개선
- 기술적 작업절차의 개선
- 효율성 제고

품질관리 – 대책의 효율성 평가를 위한 기법들은 RVBA 8을 참고한다.

9.4. 제어의 품질관리 적용

9.4.1. 개요

다음에는 제어결정의 모든 단계 품질관리의 모든 가능성들이 개발되고 가능한 품질평가가 규정되는 품질관리 – 시스템 구축을 위한 개념 등이 개발된다.

개념은 특히 실제 적용을 중점적으로 염두에 둔다. 작업서에는 개념의 상세한 내용보다는 필요한 연구요구 사항들이 언급되었다.

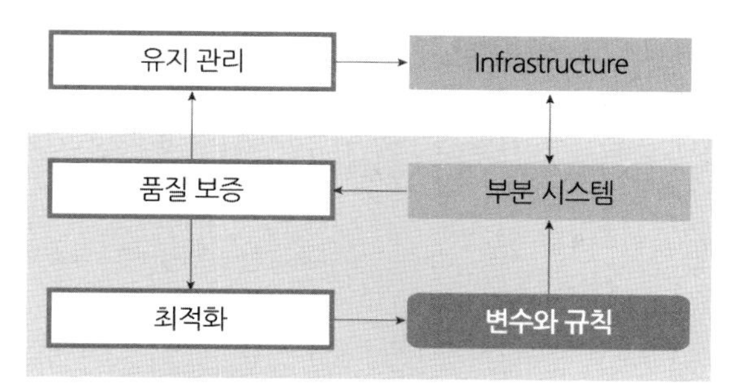

그림 9-1 시스템 연계 내 품질관리

그림 9-1은 품질안전과 추가적인 시스템과정과 구성 간의 관계가 제시되었다. 개별 부분 시스템의 결과는 품질안전시스템의 입력자료로 활용된다. 이들은 다양한 방법으로 평가된다. 품질불량이 확인되면 해당되는 유지와 최적화 대책 등이 의도적으로 유도된다.

부분 시스템

- 상황수집
- 상황평가
- 대책선택
- 대책평가
- VMS 콘텐츠

품질관리시스템에 고려된 부분시스템을 위하여 먼저 품질목표가 정의되어야 한다. 품질목표는 품질지표를 위한 한계값을 통하여 구체적으로 설정된다(예. 정체 감지율 80% 이상). 목표설정에 있어서 다음과 같은 조건들이 고려되어야 한다.

- 목표는 계량화되어야 함
- 모든 정의된 품질지표에 대하여 측정방법이 정의되고 적용되어야 함.
- 측정기법은 실제 적용 시 적당한 비용으로 수행 가능해야 함.

부정확하게 설정된 목표나 비용이 많이 수반되는 측정기법은 교통관제시스템의 운영을 더욱 복잡하게 만들어 가능한 피해야 한다.

목표, 지표와 측정기법이 결정되면 성공적인 실제 적용이 이루어진다. 다음의 조직적 주변 여건과 과정의 도입이 중요하다.

- 교통축 관제시스템 품질안전 담당자
- 개별 품질지수에 대한 측정과 평가주기
- 품질지표 가시화와 감시과정
- 유지보수 과정

- 최적화 대책과정

다음에는 개별 부분 시스템의 품질지수, 목표와 평가주기가 설명된다. 측정방법과 과정은 도로교통기관의 구조와 가능성에 따라 개별적으로 설정된다. 10.6에는 품질관리 소프트웨어 TRANSID의 측정기법이 소개된다.

9.4.2. 상황수집과 평가

이 제어결정단계의 입력자료는 변수와 같은 품질정보를 갖는 품질 안전한 측정데이터이며, 결과에서는 기법의 시공간적(교통) 상태이다. 상황수집의 품질안전 범위 내에서 출력자료는 품질지수를 이용한 분석으로 평가된다. 품질안전 흐름의 과정은 그림 9-2에 제시되었다.

품질지수를 산출하기 위하여 적용 가능하고 적절한 측정방법이 선택되어야 한다. 측정기법 선택을 위한 중요한 기준으로서 공간과 시간적 기준이 고려되어야 한다. 공간적 기준은 개별 제어기법과 관련이 있으며, 어떤 측정방법을 통하여 품질지수가 결정될 수 있는지를 알려준다. 지표들은 실상황이나 예측된 형태로 제시될 수 있다. 예측 데이터의 경우 품질지수는 실제 데이터를 예측 시점과 비교를 통하여 산출할 수 있다.

품질지수의 평가를 수행하기 위하여 품질목표가 정의되어야 한다. 이들은 개별 상황수집기법의 연관성과 민감도에 따라 결정된다. 예를 들어, 선택된 측정방법은 정확도에 대하여 품질목표 선택에 영향을 미치게 된다. 몇몇 품질지수들은 비용 측면에서 샘플 형태로 수집되고 평가될 수 있다.

품질지수와 품질목표의 비교는 품질평가의 기초를 이룬다. 기법에 반영된 원시자료의 품질예측은 평가에 반영되어야 한다. 비교와 평가의 주기는 투입된 측정방법과 평가되는 지표들이 반영되는 상황수집기법의 연관성/민감도에 따라 선택된다.

품질지수를 이용한 평가는 복합적 소프트웨어에 의해 online 또는 샘플 형태로 offline으로 산출될 수 있다.

제어프로그램의 기법 흐름에서 상황수집은 다수 상황의 평가가 종합상황으로 이어진다.

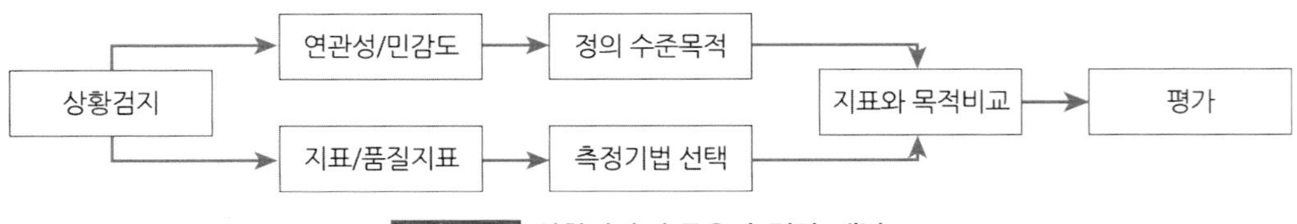

그림 9-2 상황검지 수준유지 절차 개념도

상황평가에서 기법결과들은 기법의 앞에서 언급된 품질지수와 함께 반영된다. 결과로서 교통망(개별 상황의 상충되지 않고 광역적인 연관)에 대한 전체 상황에 대한 묘사가 생성된다.

종합상황의 계산은 정의된 규칙에 의하여 이루어진다. 상황평가의 결과는 개별상황으로부터 누적된 하나의 지표이다. 이는 상황수집과 같은 동일한 품질지수로 평가된다. 결과는 사전에 발견된 종합상황을 최소한 최적의 개별 기법과 같이 잘 묘사해야 한다.

확보된 상황수집과 최적 개별결과의 품질지수는 자주 또는 매우 다르며, 이는 오류가 있는 또는 적절하지 않은 규칙임을 의미한다.

상황수집을 위한 기법은 결과로서 하나의 지표를 도출한다. 이는 표 9-1에 대하여 상호적으로 이진수(Binary), 분산 또는 연속적일 수 있다. 데이터 형태는 평가되는 품질지수와 직접적인 관련이 있다. 이진수 데이터에서 시험의 검지율, 오보율과 반응시간이 평가되며, 분산 데이터에서는 수준의 편차, 연속 데이터에서는 시험에 대한 계층 없는 편차가 산출된다.

표 9-1 지표와 품질지수의 배정

지 표	데이터 유형	지점 기준	품질지수
정체 착오운전 위험 간격 저속차량 결빙	이진수 (yes/no)	지점, 구간	검지율[%] 오보율[%] 신뢰도[%] 반응시간[s]
많은 교통량 높은 화물차-비율 불안정 교통류 LOS-수준 습윤-수준 풍속 소음, 배기물질	단속적 (계층별)	구간	0, 1, 2, n 단계 편차[%]
운행시간 정체길이	연속적	구간	편차[%]
교통량 교통밀도 속도 용량 O-D-매트릭스	연속적	지점, 구간	편차[%]

검지율, 오보율, 신뢰도와 반응시간(Mean Time To Detect)은 [Spangler, 2009]에 따라 결정된다.

검지율: $DR = \frac{N_{검지}}{N_{총합}} \cdot 100\%$

이때

$N_{검지}$ = 확인된 장애수[-]

$N_{총합}$ = 총 발생된 장애수[-]

오류율: $FAR = \frac{n_{오류수}}{n_{총합}} \cdot 100\%$

이때

$n_{오류수}$ = 확인된 오류수[-]

$n_{총합}$ = 분석수, 예를 들어 분석된 주기수[-]

경보신뢰율: $AAR = \frac{n_{경보} - n_{오류경보}}{n_{경보}} \cdot 100\%$

이때

$n_{오류경보}$ = 오류 경보수

$n_{경보}$ = 경보수

검지 평균시간: $MTTD = \frac{\sum_{i=1}^{N_{검지}} t_{검지}(i)}{N_{검지}}$

이때

$N_{검지}$ = 확인된 장애수

$t_{검지(i)}$ = 장애 i의 발생에서 첫 번째 장애경보까지 소요 시간[초]

품질지수에 대한 추가적인 정의들은 이외에 [Hoops et al., 2000]과 [Busch, 1986]을 참고한다. 품질지표와 지수 계산과 관련된 실제 경험들은 정체검지란 제목으로 예를 들어 [Bogenberger, 2003]에 설명되었다.

사례 : MARZ에 의한 VKDIFF 기법은 한달 측정기간 동안 20개의 돌발을 검지하였다. 보다 상세한 비교기법(비디오 분석)을 통하여 총 30개 돌발이 검지되었다. 기법이 파악한 20개 돌발 중 15개가 정확한 것으로 파악되었고 5개는 오보인 것으로 파악되었다. 검지율

DR은 15/30*100 = 50%, 신뢰도 AAR은 (20 − 5)/20 = 75%이다. 오보율 FAR은 5/(30*1.440) = 0.01%로 산출된다. 비디오 분석을 통하여 돌발 시작에서 기법의 반응 시까지 평가될 수 있었으며, 평균 반응시간 MTTD는 90초로 산출되었다. 이 경우 오보율은 기간에 기반하기 때문에 예측력이 약하며 신뢰도가 훨씬 높은 예측력을 갖는 것을 나타낸다[Spangler, 2009].

품질지수 편차는 다음과 같이 결정된다.

분산값: $$AW_D = \frac{n_{측정}}{n_{기준}} \cdot 100\%$$

이때

$n_{측정}$ = 분석 알고리즘 결과에 기초한 특정 분산값을 갖는 주기수[−]

$n_{기준}$ = 기준 측정에 기반한 특정 분산값을 갖는 주기수[−]

참고: 공식의 기법 기반한 보정이 가능하고 필요할 경우가 있다.

연속값(이벤트 기반): $$AW_E = \frac{1}{n}\sum_n \frac{|m_{측정} - m_{기준}|}{m_{기준}} \cdot 100\%$$

이때

n = 분석된 이벤트 수

$m_{측정}$ = 분석된 이벤트의 평균 측정값

$m_{기준}$ = 분석된 이벤트의 기준 측정시스템으로부터의 평균 측정값

연속값(시간 기준): $$AW_t = \frac{\sum_t |m_{측정}(t) - m_{기준}(t)|}{\sum_t m_{기준}(t)} \cdot 100\%$$

이때

t = 시간기준

$m_{측정}$ = 주기당 측정값

$m_{기준}$ = 주기당 기준측정시스템으로부터의 측정값

예를 들어, 시간 기준 연속값에 대하여 교통량이 많고 적은 영역을 동시에 평가하지 않도록 고려한다(야간시간 대 적은 교통량일 경우 편차는 그리 결정적인 것이 아님).

사례 : 기법을 통하여 한 구간에 대한 운행시간이 계산되었다. 이는 비교기법(번호판 인식)과 비교되었다. 데이터는 하루에 대하여 수집되었고 1분 주기($n_{총}$ = 1.440)이다. 모든 분

석된 주기에 대한 평균 편차는 AWz = 2%이다. 교통망 제어를 위한 이벤트 기반 평가와 관련이 가장 높은 첨두시간 주기에 (n이벤트 = 60) 평균 편차는 AW이벤트 = 30%로 산출되었다. 이 사례는 모든 검증되는 지표에 대하여 품질지수, 비교기법과 분석기간에 대하여 상세한 고려가 필요하다는 것을 명확히 한다.

9.4.3. 대책 선택과 평가

제어 흐름에 있어서 먼저 모든 상황에 대하여 배정표에 대한 적절한 대책이 산출되어야 한다. 대책은 대책 DB에 저장되었다. 대책평가 틀 내에서 다양한 대책들은 배제 매트릭스의 형태로 연계 로직을 거쳐 시공간적으로 지속적이고, 상충되지 않으며, 완벽한 대책들을 도출한다.

대책선택과 평가의 품질안전은 두 가지 측면으로 구분된다. 먼저 대책 DB, 배정표, 배제 매트릭스는 정기적으로 교통엔지니어에 의하여 검증되고 처리되어야 한다. 예를 들어, 모든 잠재적인 발생 가능한 상황에 대하여 적당한 대책들이 마련되어야 한다.

다른 측면에서 전체 시스템에 대한 효율이 가능한 한 개별 대책이나 대책간 연계 관리를 위하여 대책별로 구분되어 분석되어야 한다. 예를 들어, 조치는 다른 대책의 선택, 대책의 최적화 또는 변경된 우선순위에 효율이 없을 경우 필요하다. 효율성 전체 평가에 대한 원리는 9.4.5를 참고한다. 효율성의 체계적 분석을 위하여 추가적으로, 예를 들어 적절하지 않은 작동에 대한 운영자의 명령취소와 같은 수동적 타당성 통제가 최적 대책을 산출하는데 유용하다.

표 9－2는 대책선택과 평가의 품질평가를 위한 가능한 보조지표들이 제시되었다.

표 9－2 대책선택과 평가 품질 안전보조 지표

지 표	품질지수	가능한 측정기법
인접 구간 내 대책 요구의 시간적 조율	현 대책 기간의 시간적 비율 편차[%] 참고: 이 평가는 특히 환경 대책 시 유용	대책의 시간적 요구의 인접 / 비교 가능한 구간과 비교
대책 요구/추진 대책의 공간적 배정	현 대책 기간의 시간적 비율 편차[%] 참고: 이 평가는 특히 교통 대책 시 유용	비교 가능한 시간 대 동일 장소에서 이력자료 비교
대책 요구/추진 대책의 공간적 연계	대책 종류별 대책 요구 빈도 전체에 대한 공간적으로 종료된 대책 비율	다른 요구에 의하여 공간적 확장으로 인하여 부분적으로 중첩되는 대책 종류별 대책수
대책 요구 빈도	빈도 분포	이력자료 기반 빈도 비교

9.4.4. LCS 콘텐츠 선택

LCS 콘텐츠 선택으로 원하는 대책들이 확보된 LCS로 표출된다. 개별 대책에 대한 LCS 콘텐츠는 확실히 정의되었다. 대책을 위한 LCS 콘텐츠가 최적인가는 교통관제시스템의 효율성 평가를 통하여 간접적으로 평가된다(9.4.5 참고).

LCS 콘텐츠 선택은 다수의 대책들이 동일한 LCS를 이용하여 제시되어야 할 경우 LCS 콘텐츠 비교를 위한 결정 논리에 기반한다. 비교, 우선순위와 LCS 콘텐츠 선택 조합은 고정 규칙에 의하여 수행된다.

다음과 같은 품질안전대책이 주기적으로(1년에 1회) 수행되어야 한다.

- 교통엔지니어에 의한 배정 규칙 대책 LCS 콘텐츠의 검증
- 교통엔지니어에 의한 비교와 우선순위 규칙의 검증

9.4.5. 종합평가

[Busch et al., 2006]은 품질 종합평가를 위한 벤치마킹시스템을 개발하였다. 시스템 구성과 데이터 수집의 품질고려 이외에 "제어알고리즘의 품질"과 "제어대책의 효율과 추종성"이 고려되었다.

시스템 구성에 대한 품질의 예측을 수행하는 품질지수의 결과는 가중되고, 종합되며 도표로 제시된다. 품질지수는 이른바 LOS로 종합되어 품질의 통일되고 객관된 수준을 나타낸다. 나아가 확보된 품질의 과거 자료 또는 동일한 형태의 다른 시스템과의 비교도 가능하다.

그림 9-3은 기법의 제어, 추종성과 효과 모니터링의 개념과 관련 있는 품질안전이 포함된 벤치마킹 시스템을 나타낸다.

기법-모니터에서 상황파악을 위해 투입된 교통관제시스템의 기법이 통제된다. 예측된 그리고 발생한 교통상태의 비교 분석을 통하여 예측 기법의 품질이 평가된다.

[Busch et al., 2006]에서 제안된 추종성-모니터를 이용하여 작동된 속도추천의 추종률을 평가할 수 있다. 이때 추종성은 "자율적인 추종"으로 간주된다. 허용 속도제한의 추종성은 운전자에 대한 시스템의 효율성 평가에 적절하다.

효율성-모니터로 LCS 작동으로 어떤 효과가 발생하였는지를 검증한다. 이 분석을 통하여 전체 시스템의 최적화에 대한 교통관제가 처리된다. 기준으로 작동 이외에 교통류와 교통안전 지표들이 모듈로 분석된다. 여기에서 "개선/개악된 교통류"와 "제고/저하된 교통안전"이 산출된다.

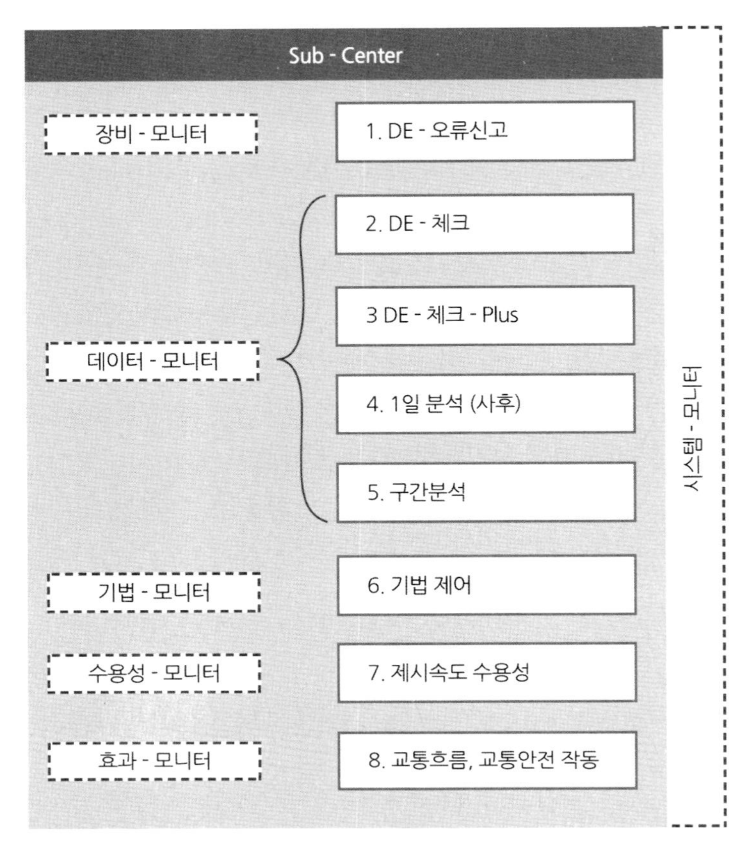

그림 9-3 [Busch et al, 2006]에 따른 벤치마킹 시스템 정의

종합평가와 관련하여 R&D 프로젝트 Traffic IQ를 참조한다.

9.4.5.1 품질안전 결과 표출

교통관제시스템운영의 개별 품질안전대책의 결과를 효율적으로 활용하기 위하여 빠른 개관과 종합적 평가를 가능케 하는 도표, 그림, 보고서가 필요하다. 다양한 부분시스템에 대한 품질지수는 연관된 품질불량을 잘 파악할 수 있도록 제시되어야 한다. 이때 새로운 품질불량과 이미 확인된 품질불량이 구분되어야 한다. 품질불량을 우선순위로 결정하는 것도 바람직하다. 이에 관한 내용 역시 [Busch et al., 2006]에서 개발되었다.

9.4.5.2 장기간 분석

장기간 동안의 품질지수 추세에 대한 관측은 실제값 자체로서는 파악이 어려운 품질손실과 -이득을 확인할 수 있게 한다. 개별 부분시스템의 품질불량의 다발은 이러한 분석을 통하여 효과적으로 분석될 수 있다.

품질의 장기분석 도출은 이로부터 최적화와 유지보수에 필요한 빈도가 도출될 수 있어 작업-과 인력계획 수립에 도움이 된다.

9.4.5.3 효율성 통제

시스템 기능적 측면에서 품질통제 이외에 목표된 효과에 대한 통제가 추천된다. 교통관제시스템으로부터 교통용량과 교통안전 측면에서 효용이 기대된다. 교통관제시스템 구축 이전에 투자와 재원 마련 평가를 위하여 결정 근거로서 경제성 분석이 필요하다. 교통관제시스템의 기대되는 효율성은 계획단계의 교통상황을 고려하여 산출된다.

운영 중에도 효과가 측정되며 기대되는 효과와 비교된다. 차이가 클 경우 품질불량이 제어에 있는 것으로 추측된다. 이를 통하여 대책선택, -평가 또는 LCS 표출정보 선택에 문제가 있는지를 간접적으로 확인할 수 있다.

9.5. 품질관리 기타 측면

여기에 설명된 품질관리를 위한 가능성 이외에 추가적으로 결과의 품질을 문서화하기 위한 적절한 개념을 개발한다. 품질관리는 표준화된 틀에서 작동되어야 하며 이에 따라 개발된다. 상황수집에서 어느 정도의 측정값 수준이 기법결과를 만족할만한 품질로 확보할 수 있는지도 흥미 있는 질문이다. 이는 상황평가는 물론 교통축 관제시스템의 효용 잠재력의 추정에 있어서도 필요한 정보이다.

9.6. 품질안전 Tool TRANSAID

9.6.1. 기법 개요

TRANSAID는 교통축 관제시스템의 품질안전과 최적화에 활용된다. 품질은 다수의 품질지수로서 자동으로 측정되고 정기적으로 실제화된다. 다음과 같은 교통축 관제시스템의 부분 결과가 평가된다.

표 9-3 품질지수 TRANSAID

부분 시스템	품질지수
교통데이터	검지기당 1일 이용 가능한 타당한 데이터 셋의 비율 (데이터/확보 가능성과 정확도를 위한 복합 지수)
개별 기법 정체 경고	검지-와 오보율
교통축 제어시스템-작동	목적함수(교통안전과 -용량 차원의 편익과 비용) 수용지수([Steinhof, 2003])

목표기능과 검지기의 지수와 오보율이 알고리즘 변수를 최적화한다.

TRANSAID는 offline 상 평가와 online 상 교통축 관제시스템의 지속적인 감시에 적용된다.

9.6.2. 입력-과 출력자료

TRANSAID는 서브센터 또는 교통관제센터 내 DB Archive 시스템의 입력자료를 활용한다. 정기적으로 교통 원시자료, 계산된 지표, 개별 기법의 작동희망(활용 가능할 경우)과 작동상태가 정기적으로 입력된다.

결과로서 TRANSAID는 작동과 교통상황의 분석을 위한 품질지수값과 다양한 다이아그램과 도표를 산출한다.

9.6.3. 경험

9.6.3.1. 적용 지역

TRANSAID는 교통관제센터 내 교통축 관제시스템의 품질안전과 최적화에 활용된다.

9.6.3.2. 실제 경험

2005/2006년 이후 ABDS/ABDN에 운영 중이다.

9.6.3.3. 시사점

TRANSAID를 위한 교통축 관제시스템-구간의 구성은 서브센터-구성 또는 데이터 분산-구성으로부터 읽혀진다. TRANSAID의 투입을 위해서는 모든 서브센터의 이력 데이터들에 접근할 수 있는 중앙의 교통관제센터-데이터 아키브가 확보되어 있는 것이 바람직하다.

9.7. Online-효율성

9.7.1. 기법 개요

R&D 프로젝트에서 개발된 기법은 교통축 관제시스템의 교통류 조화를 위한 작동의 품질검증을 가능케 한다[Kappich et al., 2010]. 평가는 2차원의 목적 시스템에 의하여 수행된다([Steinhoff, 2003]의 원리와 유사). 추종지수는 속도제시와 화물차-추월금지의 추종률을 설명하여, 시스템의 효율이 평가되는 작동에 기인한 것인지를 판단한다. 충분한 수용성이 있을 경우 조화지수로 어느 정도까지 원하는 교통류 조화에 종방향-, 횡방향과 동적 효과가 실질적으로 발생하는지를 검증할 수 있다. 조화지수를 위한 평가지표로서 좌측 바깥 차로의 속도 표준편차, 2, 3차로의 차량 배분율과 연속된 주기에 대한 2번째 차로의 속도 차이가 활용된다. 프로그램은 online이나 offline으로 적용될 수 있고 제어변수의 최적화에 기초 사항이 된다. 분석은 주기별 그리고 현재 작동되고 있는 시스템에 적용된다.

9.7.2. 입력-과 출력자료

지수 산출을 위하여 FG 1, 버전 4의 누적된 교통데이터와 TLS에 따른 FG 4의 데이터로부터의 운영 중인 작동이 필요하다.

출력자료는 개별 효율 차원의 품질지수와 현재 운영 중인 작동 또는 평가되는 주기의 추종, 교통류 조화와 효율성의 연관된 평가이다.

9.7.3. 경험

9.7.3.1. 적용 지역

기법은 연구 프로젝트로 개발되었고 현재 프로토 타입으로 개발 중에 있다.

9.7.3.2. 실제 경험

지금까지 기법에 대한 실질적인 경험은 제시되지 않고 있다.

9.7.3.3. 시사점

기법은 연방정부의 통일된 교통관제센터/서브센터의 소프트웨어 시스템을 위하여 그리고 교통관제센터-기초시스템에 대한 데이터 분산 인터페이스로 활용된다.

부록 제어 기법

A. AK VRZ 교통분포도 예측

A.1 기법 개요

분포도 예측 기능은 미래 어느 시간대에 대한 교통지표의 예측자료를 생성한다. 모든 운행방향에 대하여 Q승용차, Q화물차, Q차량, Q설계기준, V승용차, V화물차, V승용차 예측에 대한 교통지표의 예측이 이루어진다. 예측 시점에 따라 다양한 기법이 투입되고 결과들이 종합된다. 전체적으로 다음과 같은 분포도 예측의 입력자료들이 처리된다:

- 측정된 교통데이터(분석자료)
- 개별 시간대에 대한 이벤트 달력으로부터의 유효한 사건
- 종합적 데이터 분석으로부터 실제 유효한 상황
- 이력 분포도

결과로서 기법은 모든 예측된 시간대에 대한 교통자료의 예측자료를 생성한다. 결과 분포도는 실제 교통데이터와 다양한 선택 기법을 통하여 결정되는 다양한 이력 분포도의 단기적 예측 데이터를 융합하여 생성된다. 다음과 같은 선택기법들이 활용된다.

- 일 교통분포도 우선순위가 있는 선택
- 교통분포도의 이벤트 기반 선택
- 정적 기법 선택
- 사전 정의된 비교 교통분포도 선택
- 상황 기반 교통분포도 선택

• 실제 교통데이터 패턴 – 매칭

상황기반 선택(실제 상황에 기반한)과 패턴 – 매칭(실제 교통상황 기반한)은 단지 단기예측과 속도와 교통량에 적용된다.

교통분포도 표현

시간적 · 기능적 연관성의 표현을 위하여 교통분포도가 이용된다. 시간대별 표현에 비하여, 즉 개별점에 대한 단속된 시간적 순서, 분포도는 모든 시점에서 (지속적인) 분석이 가능하다. 분포도는 수학적 Approximation 또는 Interpolation 기법으로 표현된다. 따라서 교통분포도는 [x,y] 축에 수학적 기법으로 표현된다. 임의 중간점에서의 교통분포도의 함수값은 좌표값에 대한 수학적 기법으로 계산된다. 다음과 같은 Approximation- 또는 Interpolation-방법이 적용된다.

• 임의의 승을 갖는 b-spline
• cubic-spline Interpolation
• Polyline-기법(Linear Interpolation)

교통분포도에 대해서 기법이 제시되지 않을 경우 5차 함수의 b-spline Approximation이 표준기법으로 적용된다. 이 표준기법은 모든 기능에서 자유롭게 설정 가능하다.

이력 교통분포도

교통지표의 시간적 추세는 다양한 요소에 영향을 받는다. 동일한 요일과 휴일에는 유사한 교통추세가 확인된다. 반복적이고 예측 가능한 이벤트, 예를 들어 박람회 또는 축구 등은 일반적인 교통추세에서 유사한 변동이 관측된다. 이력 교통분포도는 일 이벤트, 이벤트나 상황에 관련된 교통지표의 시간적 흐름을 설명한다. 수동으로 입력되거나 유사한 교통흐름을 갖는 여러 날 동안의 측정값을 “Automatic Learning” 기법으로 융합하여 생성한다. 방향별로 속도와 교통량의 이력 교통분포도와 교차로에 대하여 회전율 이력 분포도가 관리되고 저장된다. 이때 이력 교통분포도는 방향별 또는 교차로별로 이벤트 기반으로 정리되어, 즉 방향별 또는 교차로와 이벤트와 이력 교통분포도 간에 상관관계가 존재한다. 이벤트의 다양한 특성에 기반하여 (전문 대형행사, 일반 대중행사) 다양한 교통파급 영향이 발생한다. 따라서 하나의 예측 대상에 대하여 (방향별 또는 교차로별) 이벤트에 기반한 다수의 교통기초도가 관리된다. 교통분포도 선택에 지원을 위하여 이러한 교통분포도가 표준 교통분포도로 표현된다. 추가적으로 모든 이력 분포도에 대하여 이벤트 발생 시 여기에 해당하는 방향별 또는 교차로별 교통흐름을 얼마나 자주 정확히 묘사하였는지를 관리한다.

모든 방향에 대하여 다음과 같은 이력 교통분포도가 관리된다:

- Q화물차
- Q차량
- V승용차
- V화물차

이 자료들이 서로 연관되어 있으므로 이들은 항상 하나의 교통분포도 그룹으로 관리된다. Data Bank에는 두 개 유형의 이력 교통분포도가 관리된다. 절대와 상대 교통분포도가 구분된다. 절대 교통분포도로부터 해당되는 교통지표는 직접적으로 결정된다. 모든 일 이벤트에 대한 이력 교통분포도는 절대 교통분포도이다. 상대 교통분포도에서는 절대 교통분포도의 시간 관련된 변동을 설명하는 수정-교통분포도이다. 변동은 퍼센트나 (multipulicative) 양으로서 (additive) 표현된다. 다음의 사례는 차이를 명확하게 한다. 영업시간이 긴 토요일의 경우 일반 토요일에 비하여 약 20% 이상 교통량이 높다. 이에 반하여 축구 경기 이전에는 약 3.000대/시 더 많은 교통량이 예측된다.

이력 교통분포도는 교통분포도 예측 시 교통분포도 선택에 활용되는 범례로 표시된다. 앞에서 설명된 표준 교통분포도에 대한 수동 범례 병기 외에 Automatic Learning으로부터 Hit Probability를 위한 지수가 산출된다.

일 이벤트에 대한 교통분포도는 일 단위로 저장된다. 추가적인 이벤트에 대한 교통분포도는 시간대에 대하여 교통적 유효성이 저장된다.

다양한 기법의 복합으로서 교통분포도 예측

교통분포도 예측 결과는 원하는 시간대에 대하여 다음과 같은 기법의 결과로부터 종합되는 상호 관련이 있는 예측 교통분포도의 그룹이다.

- 측정치 처리(분석값)
- 교통분포도 선택을 통한 중기 예측(예측시점 약 2시간), 다음에 기반한
  - 일 교통분포도 우선된 선택
  - 이벤트 기반 교통분포도 선택
  - 상황 기반 교통분포도 선택
  - 실제 교통데이터 패턴-매칭
- 교통분포도 선택을 통한 장기 예측(예측시점 며칠까지 가능), 다음에 기반한
  - 일 교통분포도 우선된 선택
  - 이벤트 기반 교통분포도 선택

- 통계적 기법 선택
- 사전 정의된 표준 교통분포도 선택

관련지표 계산

예측된 시간대는 다수 영역으로 세분화된다. 실제 시점까지의 시간대 영역 내에서 실제 측정된 값들은(분석값) 예측결과로서 활용된다. 실제 시점에서 중기 예측 시점까지 영역에서 예측을 위하여 중기 교통분포도 선택이 이용된다. 중기 예측 시간대부터의 영역 내에서는 장기 교통분포도 선택이 이용된다. 장기 교통분포도 선택은 추가적으로 수집된 관측치가 없거나 중기적 교통분포도 선택이 불가능하거나 또는 결과가 도출되지 않을 경우 과거나 중기 시간대에 대한 대체용으로 활용 가능하다.

일 교통분포도의 우선순위 선택을 위하여 예측 시간대는 일 한계에 대한 예측 시간대 영역으로 추가적으로 세분화된다. 이벤트 기반 교통분포도의 선택을 위하여 관련된 이벤트의 교통적인 영향범위의 한계에 대한 예측 시간대는 세분화된다.

총 예측된 시간대에 대한 도출된 부분영역에 대하여 교통분포도 선택을 통하여 개별 예측지표의 해당되는 예측 교통분포도의 그룹이 생성된다. 시간범위는 연계 이벤트 시리즈 기능에 의하여 종합된다.

Q승용차, Q설계기준교통량과 V차량에 대한 이력 교통분포도가 존재하지 않기 때문에 이 자료에 대한 예측 분포도들은 필요할 경우 Q화물차, Q차량, V승용차와 V화물차의 예측교통분포도로부터 계산된다.

일 교통분포도 우선순위 선택

일 교통분포도의 우선순위 선택에 있어서 모든 일 이벤트에 대하여 이력 교통분포도의 저장 내역으로부터 사전 선택이 이루어진다. 이벤트 달력 기능을 활용하여 모든 예측대상에 대한 이력 교통분포도를 포함하는 모든 해당되는 일 이벤트로부터 가장 우선순위가 높은 일 이벤트가 선택된다. 기법의 다음 과정에서는 선택된 일 이벤트에 해당하는 일 교통분포도만이 고려된다. 예를 들어, 부활절 월요일에 대하여 다음과 같은 상황이 예측 가능하다.

표 A-1 일 선택 예

일-이벤트 유형	우선순위	측정단면 이력 교통분포도	선 택
부활절 월요일	100	No	
휴일 월요일	80	Yes	Yes
휴일	60	No	
월요일	20	Yes	

이 경우 이력 교통분포도는 휴일 월요일 유형이 선택된다.

이벤트-와 상황기반 분포도 선택

이벤트 달력을 활용하여 예측시간대의 모든 부분영역 내 교통영향을 포함하는 이벤트가 선택된다. 중기 예측 내에서 추가적으로 종합된 데이터 분석으로부터 파악된 상황이 고려되고 다음 단계에서 결과와 같이 처리된다.

모든 결과에 대하여 이력 결과 분포도가 결정된다. 이 상대적인 교통분포도는 시간적으로 표준화(norm)된 형태로 존재하며 시간이동을 통하여 모든 결과 시간영역으로 전환된다.

통계기법과 기준(Reference) 교통분포도 선택

통계기법과 기준(Reference) 교통분포도 선택에서 일-과 결과분포도로(모든 도출된 결과에 대한)부터 각각 분포도의 그룹이 선택된다. 이때 다음과 같은 선택 가능성이 고려된다.

- 기준 교통분포도: 교통분포도 그룹의 정적으로 확보된 참조가 선택을 위하여 고려된다.
- 확률적으로 유사한 교통분포도: "Automatic Learning" 기능으로 관리되는 동적으로 실제화된 Hit rate가 교통분포도 그룹의 선택에 활용된다.

활용되는 기법은 모든 예측 대상에 대하여 변수화된다.

상호 연관된 지표인 V승용차, V화물차, Q차량과 Q화물차에서 소속된 교통분포도는 무관하게 선택되는 것이 아니라 항상 연관되는 지표의 그룹으로서 선택된다.

모든 결과의 일 이벤트와 교통분포도 그룹에 대한 하나의 분포도 그룹이 생성된다. 이들은 다음의 기법으로 하나의 교통분포도 그룹으로 종합된다.

일-과 이벤트 교통분포도 연계

개별 결과의 상대적 이벤트 분포도를 갖는 절대 일 교통분포도의 연계는 소속된 일 교통분포도의 상대적 이벤트 교통분포도의 반복적 이용을 통하여 수행된다. 이때 먼저 일 분포도에 대하여 곱하는 다음으로는 더하는 결과 분포도가 적용된다.

실제 교통데이터 기반 패턴-매칭

중기 예측에 있어서 교통분포도 선택은 중기적 과거로부터의 분석값을 활용하여 수행된다. 패턴-매칭은 예측 대상에 대하여 예측된 지표들이 수집되지 않을 경우 불가능하다. 해당되는 결과 교통분포도를 갖는 가능한 일 교통분포도의 모든 조합으로부터 지금까지 측정된 교통지표의 흐름을 가장 잘 반영하는 조합이 결정된다. 여기에 모든 조합에 대한 교통분포도가 앞에서 설명한 바와 같이 서로 연계된다.

이벤트 달력에서 주어진 시점으로부터 결과의 실제적인 시작의 편차는 교통영향의 시간적인 지체를 유발한다. 이 영향을 교통분포도 선택 시 고려하기 위하여 결과에 기초한 교통분포도는 이벤트 달력에 입력된 시점에 생성될 뿐만 아니라 앞뒤로 밀어진 결과 시간대에 따른 변수화된 주기편차(Offset, 표준편차: 15분)에 대하여도 생성된다. 이 교통분포도는 교통분포도 선택에 있어서 역시 확보되어 있다.

패턴-매칭은 조합된 이력 교통분포도와 측정된 교통분포도 간 비교를 통하여 구성된다. 모든 조합된 교통분포도에 대하여 측정된 교통분포도의 간격이 계산된다. 간격의 계산을 위하여 교통분포도의 기능값에 대한 비율적 오차를 결정하는 복잡한 간격기법이 활용된다. 가장 작은 오차를 갖는 교통분포도의 조합이 간격 크기가 변수화된 임계값을 초과하지 않을 경우 교통분포도 예측으로 선택된다. 간격 크기가 클 경우 패턴-매칭은 결과를 생성하지 않는다.

상호 연관된 지표인 V승용차, V화물차, Q차량과 Q화물차에서 소속된 교통분포도는 무관하게 선택되는 것이 아니라 항상 연관되는 지표의 그룹으로서 선택된다. 가장 작은 오차값을 갖는 교통분포도 조합 결정에 있어서 그룹의 모든 교통분포도의 오차가 모두 더해진다. 하나의 그룹의 모든 개별분포도의 간격들은 변수화된 임계값을 초과해서는 안 된다. 패턴-매칭이 불가능하거나 결과를 도출하지 않을 경우 교통분포도 선택은 통계적 기법과 기준 교통분포도로 전환된다.

A.2 지표

교통분포도 예측은 다음과 같은 입력자료들을 처리한다.

- 분석값
  - Q승용차
  - Q화물차
  - Q차량

- V승용차
- V화물차
- V차량

- 일에 대하여 이벤트 달력으로부터 우선순위를 갖는 해당되는 일 결과
- 이벤트 달력으로부터 우선순위를 갖는 해당되는 시간대에 유효한 결과
- 종합된 데이터 분석으로부터 실제 유효한 상황
- 일 결과에 대한 이력 교통분포도, 아키브 시스템으로부터 다음과 같은 참조를 갖는 결과와 상황들
  - 참조 "기준 교통분포도"
  - 참조 "가장 확률이 높은 교통분포도"

변수

교통분포도 예측의 이용에 있어서 다음의 교통분포도 예측의 다양한 변수들이 고려된다:

표 A-2 교통분포도 예측의 변수

변 수	의 미	유 형	영 역	단 위
예측 대상	예측 수행 대상	대상 reference수		
예측 자료	예측자료의 Attribute reference	Attribute reference수		
예측 시간대	예측 시간대	주기		초
장기 선택만	실 분석-과 예측값이 이용되지 않아야 함. Pattern-Matching 이용되지 않음. 장기적 교통분포도 선택 기법만이 적용	확률값		
결과 유형 필터	결과 형태가 여기 주어진 형태에 해당하지 않을 경우 교통분포도 선택 시 무시됨	다양한 정수들		
실제화 flag	예측-교통분포도가 주기적으로 검증되고 실제화되어야 함	확률값		
검증 주기	주기적으로 요구된 예측이 늦어도 제시된 시간 이후에 검증	정수	0-···	초
실제화 임계값	예측 검증 시 주어진 값보다 커서 예측이 실제화되는 간격	정수	0-···	%
실제화 주기	실제화 기준이 초과하지 않을 경우 예측결과가 실제화되는 시간간격	정수	0-···	초

다음과 같은 변수들이 예측 교통분포도를 위하여 지속적으로 관리된다.

표 A-3 교통분포도 예측의 지속적 변수

변 수	의 미	형 태	영 역	단 위
교통분포도선택기법(i)	Pattern-Matching이 이용되지 않을 경우 교통분포도 선택을 위하여 예측대상 i에 대하여 어떤 기법이 적용되는지를 제시. 가능한 값은 "표준교통분포도 선택" (1)과 "가장 확률이 높은 교통분포도" (2).	정수	1,2	
교통분포도 PatternMatching Horizon(i)	예측대상 i에 대한 교통분포도 선택을 위하여 Pattern-Matching 기법 내 실제 시점부터의 시간간격	정수	0-···	초
교통분포도 MatchingInterval(i)	예측대상 i에 대한 Pattern-Matching 간격 계산상 실제 시점 이전의 시간영역	정수	0-···	초
교통분포도 PatternMatching Offset(i)	결과는 추가적으로 예측대상 i에 대한 Pattern-Matching 기법 내 제시된 시간적 연기 (앞 또는 뒤)를 고려	정수	0-···	초
교통분포도 MaximalMatching Fault(i)	예측대상 i에 대한 Pattern-Matching내 실제 분석교통분포도에 대한 복합 교통분포도의 최대 허용 오차	정수	0-···	%

결과로서 기법은 모든 예측되어야 할 지표에 대한 (Q승용차, Q화물차, Q차량, Q설계, V승용차, V화물차, V차량) 원하는 시간대의 예측값을 갖는 교통분포도를 도출한다.

B. VRZ 정체파급 분석

B.1 기법 개요

정체파급 분석의 내용은 정체된 영역에서 정체흐름을 계산하고 분석하는 것이다. 이는 우선 정체 구간에서 차량의 지체시간을 산출하고 아울러 정체확산을 추정하는 것이다. 정체파급 분석은 다음과 같은 부분 기능을 포함한다.

- 정체대상 확인
- 정체파급 예측

정체대상 확인에서 정체는 공간적인 확산으로 파악된다. 교통흐름을 확인하기 위한 다양한 기법의 정체지표가 분석되고 종합된다.

정체파급 예측에서는 정체된 차량수의 공간적인 흐름에 대한 예측이 수행된다. 여기에는 진입 교통량과 진출 교통량과의 평형관계가 분석된다. 예측으로부터 추가적인 정보가 처리된다. 여기에는 지체시간의 시간적인 흐름과 정체의 공간적인 확산이 고려된다.

정체대상 확인을 통한 확인된 정체대상과 이들의 특성에 기초하여 변수화된 예측 시간대에 대한 정체파급 예측이 수행된다. 예측의 핵심은 진입 교통량과 도로 병목구간 용량과의 평형을 비교하는 것이다. 전체 예측 시간대에 대하여 정체된 차량수가 누적되고 이로부터 정체길이와 지체시간이 계산된다.

진입 교통량 산출

정체파급 예측을 위하여 전체 예측 시간대에 대하여 교통분포도 예측을 활용하여 진입 교통량을 산출한다. 이를 위하여 정체로부터 정체 이전 다음에 위치한 측정단면의 상류부 정체가 산출된다. 다음과 고속도로 JC 또는 고속도로 종점까지 측정단면이 없을 경우 정체 내 첫 번째 측정단면의 하류부가 고려된다.

대상이 되는 측정단면에 대하여 전체 예측 시간대에 대한 설계기준 교통량을 위한 교통분포도 예측이 수행된다.

실제 교통관측치는 이들이 정체 내에서 수집되지 않았을 경우에만 교통분포도 예측에 활용될 수 있다. 이를 위하여 정체 내 측정단면이 선택될 경우 교통분포도 예측의 변수 Only-Long term-선택만이 True로 설정된다. 만일 정체 앞에 측정단면이 선택될 경우 변수는 Fault로 설정된다.

선택된 측정단면이 정체 내에 있지 않고 측정단면과 정체 간 영역 내에 진출입 교통량을 측정하는 연결로가 있을 경우 이들 교통량도 적절히 고려되어야 한다. 이를 위하여 진입－과 진출로에 대한 교통분포도 예측이 수행된다(교통분포도 예측 변수 Only-Long term은True 설정). 연결로 후방 교통의 분포도는 연결로 이전 교통분포도를 진출입 교통분포도의 차이의 합으로부터 추론한다. 정체 내 연결로의 진출입 교통량을 고려하지 않기 위하여는 진출입로에 예측되는 교통량을 산출하고 진입 교통량의 지금까지 계산된 교통분포도에 더하거나 빼도록 한다.

정체 내 진출입로에서 기대되는 교통량을 산출하기 위하여 해당되는 진출입로에 대한 교통분포도 예측이 수행되고, 교통량의 실제 관측치는 예측된 교통분포도에 대한 변수화된 시간대에 대하여 선형 Damping으로 조정된다. 이를 통하여 실제 시점에 실제 교통량을 포함하고 예측 교통분포도의 변수화된 Damping 시간에 해당하는 교통분포도가 생성된다.

따라서 아래에 설명되는 평형분석에서 진출 교통으로 인한 정체 해소가 잘못 오인되어 가정될 수 없기 때문에 지금까지 계산된 진입 교통량의 교통분포도의 음의 값은 “0”으로 설정된다.

병목용량 산출

예측 시간대에 대한 진입교통량의 산출 이외에 해당되는 정체의 병목구간 용량(하류부로 진출할 수 있는 최대 차량대수)의 결정이 필요하다. 이 병목구간 용량은 정체 후방 하류부에 위치한 측정단면과 고속도로 JC 또는 고속도로 종점 이전의 교통량을 찾아서 가장 합리적인 교통량을 갖고 있는 지점 교통량을 기준으로 한다. 결정된 측정단면과 정체 내에 진출입 교통량을 측정하는 연결로가 없을 경우 결정된 측정단면에서 산출된 설계기준교통량을 Q설계(i) 병목구간 용량으로 가정한다. 결정된 측정단면과 정체 내에 진출입 교통량을 측정하는 연결로가 없을 경우 여기에서 측정된 교통량도 적절히 고려되어야 한다.

이러한 방법으로 병목구간 용량이 산출될 수 없을 경우 실제적인 교통기초도로부터 결정된다. 이때 관련되는 것은 정체 내 마지막 도로세부구간과 하류부로부터 다음의 도로세부구간이다(이것이 확보되었을 경우). 두 개 교통기초도로부터 Q0가 최소인 것이 변수화된 factor로 곱하여져서 병목구간 용량으로 가정된다.

나아가 전체 예측 시간대 내 병목구간 용량은 일정한 것으로 가정한다.

정체파급 산출

예측의 핵심은 진입 교통량과 도로의 병목구간 용량의 평형분석을 위한 기능이다.

전체 예측 시간대에 대하여 고정된 주기별로 반복하여 산출된다. 주기는 정체대상 확인의 주기시간을 주기당 반복빈도를 나누어 산출한다. 매 반복주기에 대하여 정체길이와 지체시간이 산출된다.

$$S_{vp}\text{단계} = \frac{S_{\text{대상, 주기값}}}{S_{vp\text{주기당 반복수}}}$$

매주기 k마다 정체된 차량수가 예측 단계별로 환산된 진입 교통량과 병목구간 용량의 차이로 산출된다.

$$\text{차량차이}(s,\ k) = (\text{Svp진입량}(s,\ k)\ -\ \text{Svp용량}(s)) \cdot \text{Svp단계}\ \ \text{for}\ k = 0,\ \cdots$$

이로부터 차량길이를 곱하고 차로수를 나누어 정체길이의 확산이 산출된다.

$$\text{길이차이}(s,\ k) = \frac{\text{차량차이}(s,\ k)}{\text{차로수}(s,\ k)} \cdot S_{vp,\ \text{길이, 승용차}}$$

정체 내 차로수가 변할 경우 이는 길이차이 산출 시 적절히 고려된다.

전체 예측 시간대에 대하여 정체된 차량수가 누적되고, 이로부터 정체길이의 예측 교통분포도가 산출된다.

$$\text{Svp길이}(s,k) = \begin{cases} \text{S대상.길이}(s) & (\text{for } k=0) \\ \text{Max}(0, \text{Svp길이}(s,k-1) + \text{길이차이}(s,k-1)) & (\text{for } k=1,2\cdots) \end{cases}$$

정체 내 존재하는 차량수의 예측 교통분포도는 다음과 같이 산출한다.

$$\text{Svp차량}(s,k) = \begin{cases} \dfrac{S_{\text{대상, 길이}(s)} \cdot \text{차로수}(s,\ k)}{S_{vp,\ \text{길이, 승용차}}} & (\text{for } k=0) \\ Max(0,\ \text{차량}(s,\ k-1) + \text{차량.차이}(s,\ k-1)) & (\text{for } k=1,\ 2..) \end{cases}$$

이로부터 지체시간의 예측 교통분포도가 산출된다.

$$S_{vp}\text{손실시간}(s,\ k) = \frac{S_{vp}\text{차량}(s,\ k)}{S_{vp}\text{용량}(s)}$$

아직 존재하는 정체시간의 산출을 위하여 예측된 길이 Svp길이(s, k0)가 가장 먼저 0에 도달하는 주기단계 k0가 결정된다. 이로부터 아직 존재하는 정체시간은 다음과 같이 산출된다.

$$S_{vp}\text{기간} = k_0 \cdot S_{vp}\text{단계}$$

이로서 정체해소의 시점도 산출된다.

예측 시간대 내 예측된 정체길이가 0에 도달하지 못할 경우 정체시간과 해소 시점은 계산될 수 없다. 이는 출력자료에 적절하게 표시된다.

최대 정체길이, 이때의 시점과 최대 지체시간의 산출은 정체길이와 지체시간의 예측 교통분포도와 함께 계산되고 따라서 예측시간대만을 고려한다. 정체 내 차량의 속도는 다음과 같이 산출한다.

$$S_{vp}\text{속도} = \frac{S_{\text{대상.길이}(s)}}{S_{vp\text{손실시간}(s,\ 0)}}$$

B.2 지표

정체대상 확인의 정체대상 리스트는 여기에 해당되는 속성들로 처리된다.

표 B-1 정체파급 예측 속성

속 성	의 미
Sob도로(s)	정체대상 s가 위치한 도로
Sob방향(s)	정체 s가 위치한 운행방향
SobOffset(s)	정체대상 s의 정체시점 위치
Sob길이(s)	정체대상 s의 길이

계속하여 다음과 같은 입력자료들이 처리된다.

- 정체대상 확인의 주기시간 $S_{대상.주기}$
- 도로, 도로세부구간과 측정단면의 지리적 연계
- 설계기준교통량 $Q_{설계}$에 대한 교통분포도 예측 결과
- 개별 도로세부구간의 교통기초도로부터 최대 교통량 Q0
- 정체 내 도로세부구간 차로수
- 개별 측정단면의 설계기준 교통량의 실제 분석값

정체파급 예측의 출력자료는

표 B-2 정체파급 예측의 출력자료

속 성	의 미	형 태	단 위
Svp단계	예측결과의 시간적 단계	정수	초
Svp진입교통량(s,k)	예측단계 k의 정체 s에 대한 진입교통량	정수	대/초
Svp용량(s)	정체대상 s의 병목구간 용량	정수	대/초
Svp길이(s,k)	예측단계 k의 정체대상 s의 공간적 확장 예측	정수	미터
Svp손실시간(s,k)	예측단계 k의 정체대상 s의 손실시간 예측	정수	초
Svp기간(s)	실시점 측정 정체 기간	정수	초
Svp해소시간(s)	정체 해소 시점	시간	초
Svp최대길이	최대 정체 길이	정수	미터
Svp최대길이시간	최대 정체길이 시점	시간	초
Svp최대손실시간	최대 손실시간	정수	초
Svp속도	정체 내 차량속도	정수	Km/시간

변수

정체파급 예측의 변수는

표 B-3 정체파급 예측 변수

변 수	의 미	형 태	영 역	단 위
Svp목표시점	예측 목표시점	정수	1‥‥	초
Svp주기당.반복수	정체대상 확인의 주기당 반복 횟수. 예측단계는 S대상주기 /Svp주기당.반복수에 의하여 산출	정수	1‥‥	초
Svp길이.승용차	정체 내 승용차 기준 정체길이	정수	1‥‥	Centimeter
Svp Factor.Q0	병목구간 용량이 교통기초도로부터 결정될 경우 Q0는 이 상수로 곱하여짐	정수	1‥‥	%
Svp댐핑.시간	연결로 교통량 결정 시 예측 교통분포도를 위한 정체 내 실 관측치의 선형 Damping을 위하여 사용되는 시간	정수	0‥‥	초

C. Koeln-Koblenz-Algorithm

시스템에 확보된 측정데이터의 Consistence에 대한 외부 공사정보의 검증

공사기간 중(공사 정보에 포함된) 다음과 같은 타당성 검증이 수행된다.

- 차로 폐쇄가 신고된 영역에서 측정된 교통량은 변수화된 값을 초과하지 못한다(초기 설정: 3대/분).
- 공사 구간의 "이론적" 병목구간 용량은(DBase 정보를 활용하는) 공사지역 후방의 하류부 교통량과 비교된다. 거기서 측정된 교통량은 병목구간 용량을 최대 변수화된 요소를 초과할 수 있다. 검증은 공사지역과 다음 측정단면 사이에 연결로가 있을 경우 생략된다.

이 검증의 하나가 처리되지 못할 경우 적절한 신고가 생성되고 신고센터에 전송된다.

교통상태 산출

이 모듈은 개별 측정단면과 개별 도로구간의 실제 교통상태를 산출하는 다양한 알고리즘을 포함한다.

이로부터 알고리즘 결과에서 특정 영역이 상태 "정체" 또는 "비정체" 인지를 파악하는 정보를 생성한다. 이때 모든 알고리즘마다 다음과 같은 내용을 포함하는 데이터 셋이 산출된다.

표 C-1 정체/비정체 정보

	정 체	비정체
신뢰도	Vs	Vns
소속도	Zs	Zns
품질	Gs	Gns

모든 앞에서 언급된 변수들은 0과 1 사이의 값을 갖는다. 이들은 다음과 같이 결정된다.

- "신뢰 정도"는 모든 알고리즘, 도로구간과 상태 (정체 또는 비정체)에 대하여 산출되어야 한다. 초기설정에서 표준값이 (알고리즘과 상태마다 변수화 가능) 준비되고, 개별 구간에 대하여는 특별한 준비값이 운영자로부터 변수화될 수 있다.
- "소속성"은 결과가 얼마나 상태 정체 또는 비정체에 속해 있는지를 알려준다. 교통상태 산출결과로서 수준을 도출하는 알고리즘에 대하여 (예를 들어, MARZ에 의한 교통상태수준) 모든 측정단면과 알고리즘에 대하여 변수화가 가능하다. 교통상태 산출결과로서 0.*값을 갖는 알고리즘에서 이 값들은 만일 0과 1 사이에 있을 경우 직접적으로 소속성의 평가지표가 된다. 이때 정체와 비정체에 대한 합이 1로 되는 것이 적절하다(무조건은 아님).
- "품질"은 알고리즘에 활용되는 측정값의 품질로부터 산출된다. 측정값으로 운영되는 모든 계산에 있어서 측정값 기초의 품질은 고려되어야 한다.

측정값의 품질지수는 데이터 접수에 있어서 일반적으로 1,0(변수화 가능)으로 설정된다. 미정의되고 타당하지 않는 값은 일반적으로 품질지수 0이 된다(변수화 가능). 타당하지 않는 값의 대체에 있어서 매 대체기법의 변수화된 요소들로 품질지수는 감소된다.

다수 입력자료값이 계산에 활용될 경우 입력자료의 해당되는 품질로부터의 종합된 품질이 계산된다. 품질간의 연계는 측정값이 연계되는 운영방식과 관련 있다. 측정값의 곱셈이나 나눗셈은 해당되는 품질을 곱하게 된다. 합-과 평균값 생성 시 품질의 산술평균이 계산된다. 잠재적 능력에 있어서 품질은 각각의 지수로서 (예를 들어, 루트일 경우 0,5)로 위치된다.

추후에 품질지수 계산의 조정을 가능토록 적절한 기능/방법들이 DB에 종합되어 변경 시 해당되는 응용이 새롭게 "연결"될 수 있어야만 한다.

위에 언급된 데이터 셋은 각각 하나 또는 다수의 도로구간에 소속된다. 모든 하나의 도로구간에 소속된 데이터 셋은 이후에 단일의 정체지수로 산출되어 한편으로는 이 구간에 소속되며 이 구간의 특정 장소에 소속된다.

장소에 대한 소속은 교통기술적으로 근거되는 것이 아니라 정체지수를 계속하여 처리할 수 있기 위하여 필요하다. 이 소속작업은 필요할 경우 개별 구간에 대하여 수동으로 수행할 수 있으며, 그렇지 않을 경우 정체지수의 지점화가 다음 규칙에 의하여 수행된다.

- 구간의 하류부에 위치한 종점에 측정단면이 확보되어 있는 구간일 경우 정체지수는 측정단면의 상류부 (변수화된) 간격에 지점화된다.
- 측정단면이 구간 시점의 상류부에 확보된 구간일 경우 정체지수는 측정단면의 하류부 (변수화된) 간격에 지점화된다.
- 종점 또는 양 종점에 측정단면이 확보되지 않는 구간에서 그리고 고정 구간 내 특정 단면이 확보되지 않을 경우 정체지수는 구간의 중앙에 지점화된다.
- 구간 내에 측정단면이 위치한 구간에서는 정체지수는 측정단면에 지점화된다.

여기에 설명되지 않는 측정단면과 구간의 조합은 허용되지 않는다.

교통상태분석에 있어서 최소한 다음의 알고리즘이 활용된다.

- MARZ, 2.3.2.1.4에 의한 교통수준 산출

이 알고리즘은 매 측정단면에 대하여 4단계의 교통상태 수준을 도출한다. 연결로 측정단면에서는 MARZ에 따라 상하류부에 위치한 도로구간에 대한 교통상태가 산출된다. 자유구간의 측정단면에서는 측정단면의 상하류부의 소속된 영역에 대한 교통상태가 해당된다.

"정체"와 "비정체" 교통상태에 대한 MARZ에 따른 4개 교통상태 수준의 배정은 다음과 같은 배정표에 따라 초기설정이 이루어진다.

표 C-2 교통상태 수준 구분

교통상태수준	정 체	비정체
1: 자유 교통류	0	1
2: 제한 교통류	0,2	0,8
3: 억제 교통류	0,6	0,4
4: 정체	1	0

품질은 적절한 일반적인 규정에 따라 산출된다. 이러한 알고리즘에 대하여 교통상태 "정체"와 "비정체"에 대하여 항상 동일한 품질 값이 산출된다.

위에서 언급된 배정표를 포함한 모든 변수들은 변경이 가능하다. 첫 번째 설정에서 MARZ의 표준값이 활용된다.

MARZ에 따른 교통상태 수준은 다수의 다양한 변수 셋으로 동시에 수행되어야 한다. 초기 설정에서 교통망-관제와 교통관제센터-신고생성에 대한 교통상태 산출을 위한 변수 셋을 위한 하나의 변수 셋이 준비된다. 제어알고리즘의 추가적인 기능에서 교통망-관제의 변수 셋과 함께하는 결과들만이 반영된다. 추가적인 모듈에 대하여 더 많은 변수 셋들이 사용되는 것도 가능해야 한다(Configuration을 통하여).

- FGSV 358, 부록 2에 따른 개별 도로구간의 실제 교통상태의 산출은, 즉

. 평균지점속도 $V_{차량}(i)$를 갖는 교통류의 안정성 결정

.. $V_{차량}(i) > f1 \cdot V_0(A)$ ⇛ 안정 교통류

.. $V_{차량}(i) < f1 \cdot V_0(A)$ ⇛ 불안정 교통류

. 교통류 안정성에 따른 구간별 교통밀도의 산출

.. 안정 교통류

$D(A) = D(i)$

.. 불안정 교통류

$D(A) = Q_{설계max}(A) \cdot D_0(A)/Q_{설계}(i) \leq 2 \cdot D_0(A)$

. MARZ 2.3.2.1.3에 의한 D(A)의 평활화와 추세예측. 이로부터 $D_p(A)$가 도출

. 구간속도 $V_p(A)$의 결정

.. $V_p(A) = V_f(A) - [V_f(A) - V_0(A))/D_0(A)] \cdot D_p(A)$

$D_p(A) < f2 \cdot D_0(A)$일 경우

.. $V_p(A) = [/D_0(A)/Dp(A)] \cdot [Q_{설계max}(A)/D_p(A)]$

$D_p(A) > f2 \cdot D_0(A)$일 경우

활용 지표 정의

... f1, f2 변수 (0,5에서 1,5 범위에서 선택 가능, 설정값:1,0)

... Vo(A) 용량 영역 구간 A의 속도 (in km/h)

... $Q_{설계max}(A)$ 용량 영역 구간 A의 설계 교통량 (PCU/h)

... Do(A) 용량 영역 내 구간 A의 교통밀도 (대/Km)

... Vf(A) "자유" 교통류에서 구간 A의 속도 (km/h)

위 지표들은 DB의 교통기초도로부터 산출한다.

교통상태 "정체"와 "비정체"의 산출은 다음과 같은 배정표들이 근거가 되는 교통상태 수준에 기초하여 수행된다.

표 C-3 교통상태 수준 배정

교통상태 수준	정 체	비정체
안정	0,2	0,8
불안정	0,6	0,4

품질은 적절한 일반적인 규칙에 따라 산출된다. 이 알고리즘에 대하여 교통상태 "정체"와 "비정체"에 대하여 동일한 품질값이 항상 산출된다.

위의 배정표를 포함한 모든 변수들은 구간별로 변수화된다. 초기설정에서 FGSV 358에 따른 표준값이 활용된다.

- 교통관제센터 신고로부터 정보에 기반한 교통상태 수준 결정

교통관제센터로부터 신고된 장애는 신고의 지점과 연장 기준 최소한 40%에 해당하는 구간에 배정되거나 신고에 의한 정체 시점이 해당된다.

신고는 유효기간 동안 마지막 반복이 경과된 후 최대 시간까지만 고려된다.

교통관제센터 신고의 교통상태 "정체"와 "비정체"에 대한 배정은 초기설정에서 다음과 같이 구체화된다.

표 C-4 교통관제센터 신고 배정

교통관제센터 - 교통상태	교통관제센터 - 원인	정 체	비정체
정체	사고	1,0	0,0
정체		0,7	0,3
억제 교통류	사고	0,6	0,4
억제 교통류		0,5	0,5
제한 교통류	사고	0,5	0,5
제한 교통류		0,2	0,8
자유 교통류	사고	0,3	0,7
자유 교통류		0,0	1,0
미신고	비신고	0,0	1,0

"사고" 원인에는 운행차로에서의 모든 사고가 해당되며, 즉 갓길 또는 반대방향에서의 사고는 고려되지 않는다.

신고 품질은 변수화된 요소에 의하여 결정된다(초기 설정: 0,9).

위에서 언급된 배정표를 포함한 모든 변수들은 구간별로 변수화된다. 초기 설정에서는 표준값들이 활용된다.

정체지수 종합

이 모듈에서 도로구간별 배정된 개별－정체지수는 (즉, 개별 기법의 결과) 하나의 종합된 정체지수로 다음과 같은 기법에 따라 처리된다. 이때 추가적으로 유사한 정체지수 (예 외부 통신의 적절한 모듈을 이용하여 전환되어야 할 외부 정보원 결과 또는 교통망관제－시스템 내 신규 모듈의 결과)들은 구성을 통하여 포함될 수 있다.

정체지수값으로부터 구간별 신뢰도 Vs(i), 수준 소속도 Zs(i)와 상태 "정체"와 "비정체"에 대한 품질이 산출되고 모든 알고리즘 i가 누적된다.

- $P_s = \sum_{i=1}^{i=n} [V_s(i) \cdot Z_s(i) \cdot G_s(i)]$
- $P_{ns} = \sum_{i=1}^{i=n} [V_{ns}(i) \cdot Z_{ns}(i) \cdot G_{ns}(i)]$

다음은 Ps, Pns가 표준화되어 합이 "1"이 되도록 한다.

- $P_{sn} = \frac{P_s}{(P_s + P_{ns})}$
- $P_{nsn} = \frac{P_{ns}}{(P_s + P_{ns})}$

Psn > Pnsn일 경우 해당되는 구간과 상태의 소속 지수는 "비정체"로 간주된다.

소속 품질지수는 신뢰도를 갖는 품질의 생산의 합을 신뢰도의 합으로 나누어 산출된다.

- $G_s = \sum_{i=1}^{i=n} [V_s(i) \cdot G_s(i)] / \sum_{i=1}^{i=n} V_s(i)$

상태 "정체"에 대하여

- $G_{ns} = \sum_{i=1}^{i=n} [V_{ns}(i) \cdot G_{ns}(i)] / \sum_{i=1}^{i=n} V_{ns}(i)$

상태 "비정체"에 대하여

이 모듈의 출력값은

- 수준 구분을 위한 입력자료가 확보된 모든 구간의 해당 장소에서 해당되는 소속 품질을 포함하는 "정체" 또는 "비정체" (정체지수) 인지에 대한 예측
- 값 Psn과 Pnsn
- 소속 품질 Gs와 Gns

정체분석

정체분석은 정체대상을 생성하고 리스트를 관리한다. 정체대상은 확인된 정체와 정체분석의 결과를 나타내는 속성들을 포함한다. 정체는 도로망 상에서 다수의 도로구간을 넘어서 확산되는 대상으로서 간주된다. 고속도로 4지 분기점과 3지 분기점 상 확산은 동일한 고속도로 내에서만 발생한다.

정체 분석의 입력자료로서 모든 생성된 정체지수가 활용된다.

인접한 정체지수는 2개 모두 상태 "정체"에 속하고 다음 정체지수 또는 이전에 가정된 다른 정체대상의 종점이 더 이상 변수화된 간격만큼 이격되지 않거나 정체지수가 이미 이전 주기에 정체대상에 포함되었을 경우 정체대상으로 포함된다.

다음에는 개별 정체지수로부터 어떤 휴리스틱한 규칙들로 종합된 정체대상을 생성하고 이들 정체대상을 어떻게 합치거나 분리하는지 방법을 설명한다.

정체대상 확인 변수화된 주기로 반복하여 수행된다(초기설정: 1분). 매주기마다 정체대상 리스트가 새롭게 결정되며 이때 다음과 같은 데이터들이 사용된다.

- 정체대상의 이전 위치
- 변경된 정체지수
- 실 주기에 대한 정체길이의 예측값

정체지수의 종합적인 결론을 위하여 다음과 같은 규칙들이 사용된다:

- 모든 정체된 정체지수는 주기 1분당 변수화된 길이로 가정되는 길이가 소속된다. 이때 정체지수의 확산은, 예를 들어 1분당 60 m의 변수값은 5분 정체분석의 주기에서 초기 정체길이 300 m로 가정한다.
- 두 개(또는 이상) 실제 발생한 정체결과(정체지수 = 정체)는 인접한 정체와의 직접적인 간격이 변수화된 길이(초기 설정: 5 km)를 초과하지 않을 경우 하나의 정체대상으로 한다(비교 그림 C-1과 C-2)
- 하나의 정체대상은 해당되는 정체 예측에 따라 운행방향 반대로 다음 정체지수까지 연장된다(비교 그림 C-3). 변수화된 간격 내 예측된 정체가 이 정체지수의 위치까지 있을 경우 이는 정체로 신고되고 하나의 정체대상으로 정체지수의 통합이 이루어진다. 인접한 정체지수가 상태 정체일 경우, 정체대상의 예측은 다 다음 정체지수의 위치까지 연장된다.
- 정체예측을 통하여 정체대상은 정체 종료 지점에서 축소될 수 있다. 여기에서 정체는 이전 정체된 정체지수를 넘어서 축소될 수는 없다(비교 그림 C-3).
- 정체 시점 또는 -종료 지점에 하나(또는 다수)의 정체지수가 정체를 더 이상 신고하

지 않을 경우 실 주기 정체대상은 이전 정체된 정체지수까지 축소된다.

- 정체대상 내 하나(또는 다수)의 정체지수(들)이 자유 교통류일 경우 변수화된 간격(초기 설정: 3 km)이상부터는 정체된 정체지수 간 분리된 정체대상으로 처리된다(비교 그림 C-4와 C-5). 이 간격 미만일 경우 분리는 빨라도 변수화된 시간 이후이다.
- 왜곡되거나 상태에 대하여 예측이 불가능하거나 품질지수가 변수화된 값 미만일 경우(초기설정: 30%) 정체지수는 무시된다. 기법은 다음 정체지수에 대하여 왜곡된 정체지수가 더 이상 존재하지 않는다는 가정하에서 활용된다. 하나 또는 다수의 정체지수에 기반하는 실 주기에서 왜곡된 정체대상은 이후 주기 이후에 배제되거나 적절히 축소된다.
- 정체대상 하류부 종점과 다음 측정단면 사이에 다음의 대상 중 하나가 존재할 경우
  - 차로 상 사고
  - 용량 감소를 초래하는 공사
  - 차로 축소(예. 3차로 구간의 2차로 축소)
  - 교통관리센터-신고로부터 정체발생 (사고-신고 없는)

정체대상은 이 대상까지 연장된다(비교 그림 C-6). 이 연장은 매주기마다 새롭게 산출되어야 한다. 하류부 종점과 다음 측정단면 간에 위에 언급된 대상의 다수가 존재할 경우 이 연장은 다음 대상까지 수행된다.

- 최소의 용량을 갖거나 (모든 발생한 돌발경우의 용량이 알려져 있을 경우) 또는
- 위 리스트 중에서 가장 상위에 있는

위에서 언급된 조건에 의문이 있는 다수의 유사한 대상이 있을 경우 다음 정체대상이 선택된다.

정체지수를 통하여 확인된 정체는 원칙적으로 교통분포 예측의 결과보다 우선된다(4.22 참조).

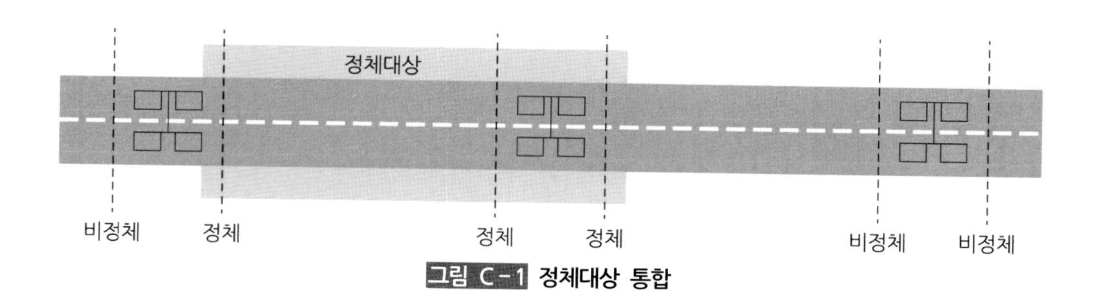

그림 C-1 정체대상 통합

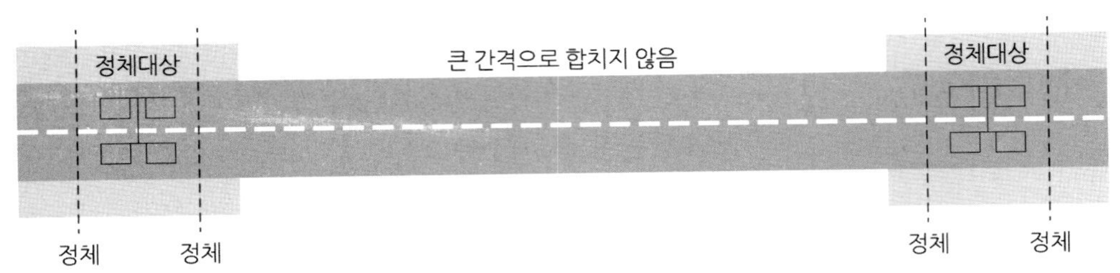

그림 C-2 분리된 정체대상

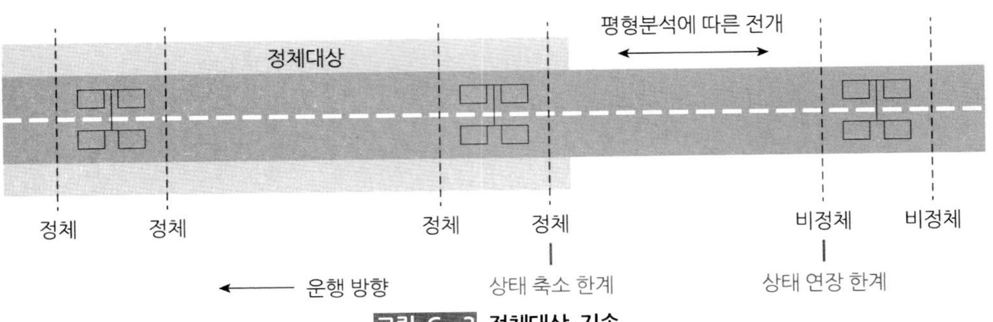

그림 C-3 정체대상 지속

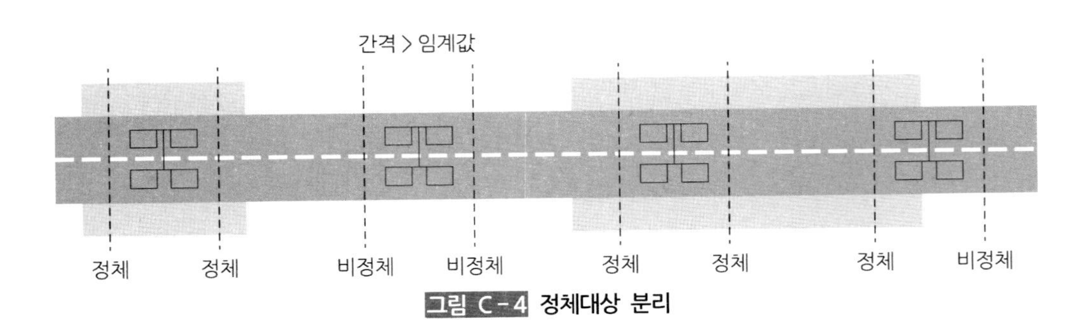

그림 C-4 정체대상 분리

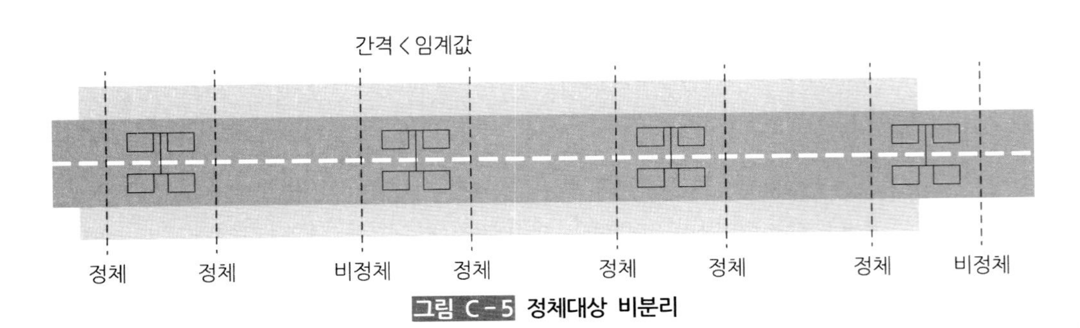

그림 C-5 정체대상 비분리

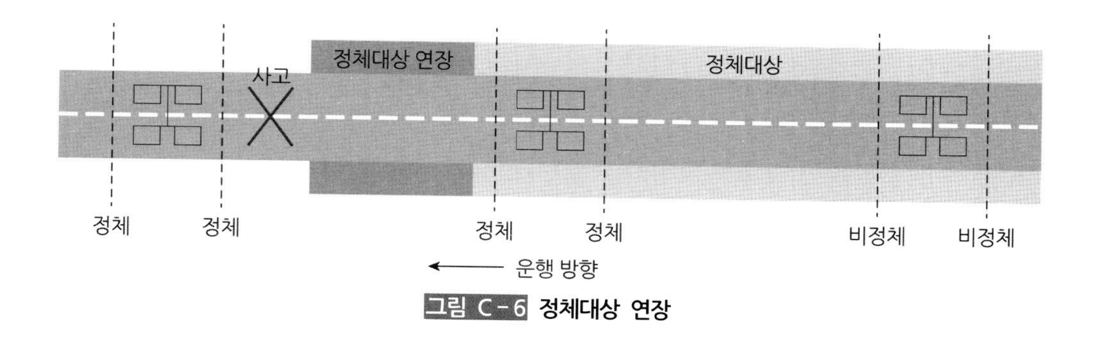

그림 C-6 정체대상 연장

용량산출

용량산출 모듈에서 장래에 예측되는 흐름을 포함하는 해당되는 교통망에 대한 교통기술적 교통용량이 산출된다. 용량산출은 매 산출 주기 내에서 DB에 저장된 모든 고려되는 교통망에 대하여 수행된다. 비장애 도로구간에 대하여는 DB의 배정된 교통기초도의 사전에 주어진 용량값을 활용한다.

정체, 공사 또는 사고 구간에 대한 용량산출은 다음과 같이 수행된다(비교 그림 C-7와 C-8):

- 확인된 돌발(정체지수 = 정체, 해당되는 구간 내 소속된 정체뿌리, 정체뿌리에 이미 알려진 용량을 갖는 병목구간이 없을 경우(공사, 입력된 용량을 갖는 사고, 차로수 감소))에서 감소된 용량이 적용될 경우 이는 다음의 측정단면에서 하류부에서 측정된 교통량에 해당한다.
- 정체 시 감소된 용량의 공간적인 배정을 위하여 돌발지점에서 산출된 병목구간 용량과 소속된 교통기초도를 갖는 교통망 세부구간이 삽입된다. 세부구간의 길이는 변수화된 값에 대하여 (초기설정: 100 m) 결정된다. 돌발지점은 정체분석에서 산출된 정체뿌리 지점이 된다.
- 정체뿌리가 위치한 구간에 대하여 사고 신고가 있을 경우 (수동 입력 또는 교통관제센터-신고를 통하여) 정체는 사고로 인하여 발생한 것으로 가정한다. 정체가 사고로 인하여 발생할 경우 산출된 병목구간 용량은 예측되는 사고 처리 시까지(사고 신고로부터 얻게 되는) 적용되고 이후에는 (필요할 경우 공사에 의한 감소된) 도로구간의 "정상" 용량이 적용된다.
- 공사 신고의 경우 교통망 모델은 일시적으로 수정된다. 공사가 진행되는 도로구간은 2개 또는 3개의 부분구간으로 세분화된다. 삽입된 세분화된 공사구간에는 수정된 교통기초도와 수정된 용량이 배정되고 나머지 구간에는 "정상적" 용량이 적용된다. 공사 구간의 상하류부의 길이는 필요할 경우 "0"이 될 수 있다.

- 신고된 구간 내에 정체뿌리가 없는 사고의 경우 용량은 공사와 유사하게 산출된다. 사고 신고 시 특별한 언급이 없을 경우 용량은 폐쇄된 차로수에 비례하여 감소된다. 감소된 용량을 갖는 삽입된 사고 구간의 길이는 변수화된 값(초기설정: 100 m)에 대하여 주어진다.

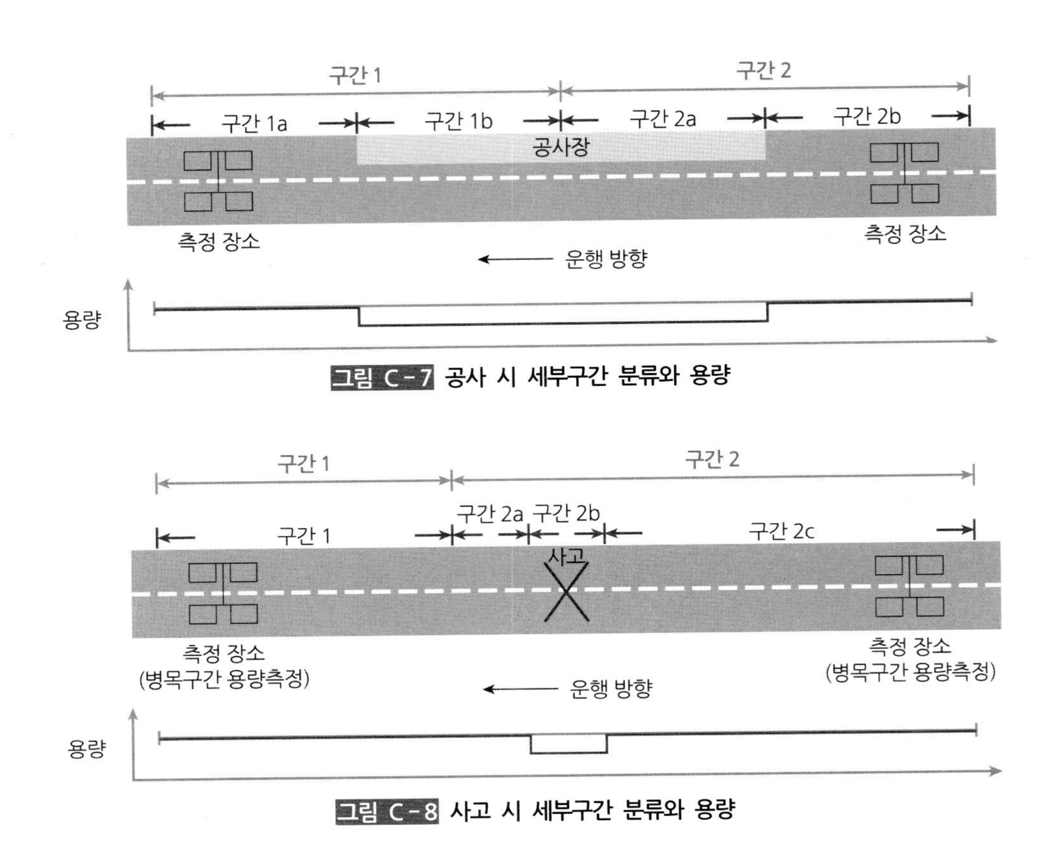

그림 C-7 공사 시 세부구간 분류와 용량

그림 C-8 사고 시 세부구간 분류와 용량

위 기법에 의한 용량산출은 전체 예측 기간에 대하여 수행된다. 장래의 추가적인 시점에 대하여는 DB의 표준값으로 계산된다.

교통기초도 선택

이 모듈에서는 해당되는 교통망 또는 일시적으로 삽입된 (정체, 공사 또는 사고) 구간에 대하여 교통기초도(Q-V 관계)가 배정된다. 교통기초도의 선택을 위하여 시스템에 알려진 환경조건과 일 그룹이 중요하다. 이에 대한 정보가 없거나 환경조건이나 일 그룹에 적합한 교통기초도가 없을 경우 해당되는 도로구간으로 저장된 표준 다이어그램을 활용한다. 이 다이어그램조차 없을 경우에는 이 구간의 차로수에 대하여 적합한 Default-교통기초도를 활용한다.

최소 하나의 환경조건과 일 그룹에 적합한 교통기초도가 확보될 경우 교통기초도의 선택은 먼저 해당되는 (변수화 가능한) 일 그룹에서부터 시작한다. 초기설정 시 주중과 일요일/휴일 간의 구분이 적용된다.

다음 단계에서는 환경조건에 따른 분류가 이루어진다. 초기설정에서 2단계의 밝기가 구분된다(밝음 – 어두움, 변수화 가능 임계값 500 Lux). 다음 단계의 구성과 습윤 또는 도로상태와 같은 다른 환경 데이터의 추가적인 사용도 구성이 가능해야 한다. 이때 TLS의 가능한 FG3-데이터 타입을 고려한다. 적절한 환경조건에 해당하는 교통기초도가 확보되지 않을 경우 환경 조건의 다음으로 적합한 단계가 적용된다(예. “밝음” 대신 “어두움”).

교통분포도 예측

이 모듈에서는 해당 교통망의 개별 도로구간에 대한 각각의 (교통량) 교통분포도가 배정된다.

교통분포도 선택은 실 일 그룹과 이벤트 달력에서 유효한 것으로 기입된 특별한 결과에 기반하여 수행된다. 유효한 결과는 모듈 “이벤트 달력” 내 적절히 설명된 기법을 선택하고 이에 소속된 값들을 갖는 리스트로서 반송된다. 선택되는 것은 최소한 N일의 표본에 기초하여 산출된 (초기설정: 3일) 교통분포도를 확보한 최대값을 갖는 결과이다.

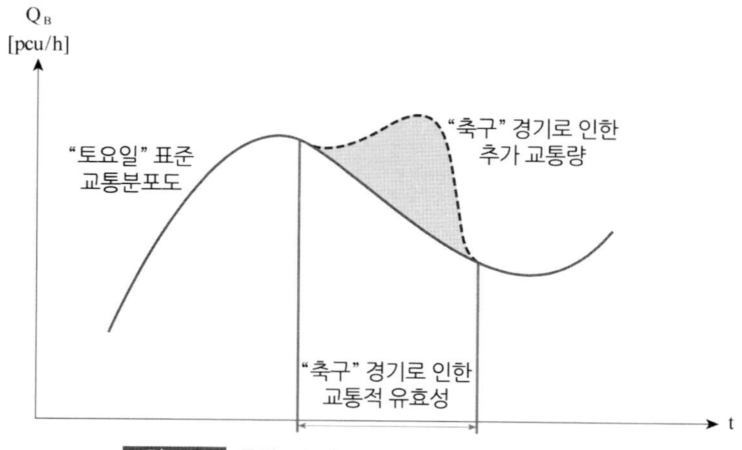

그림 C-9 특별 결과를 갖는 교통분포도 선택 예시

동일한 (선택된) 일 그룹에 대하여 다수의 표준 교통분포도가 있을 경우 가장 많은 표본값을 갖는 표준 교통분포도, 다시 말하면 가장 많이 처리가 된 분포도가 활용된다. 특별한 결과로 인한 예측되는 추가 교통량은 선택된 교통분포도의 교통량값에 더하여진다(비교 (그림 C-9)).

나아가 실제 관측된 교통량과 선택된 표준 교통분포도 간에 지속적인 비교가 이루어진다. 예측된 표준 교통분포도와 실제 교통량관측치 간의 오차가 사전에 정해진 임계값보다 클 경우 표준 교통분포도의 선택은 다시 검증되어 더 적합한 분포도가 선택된다 - 확보되어 있을 경우.

더 적합한 표준 교통분포도로서 해당 일 그룹으로부터 확보된 표준 분포도로부터 (특별한 결과나 정체대상의 유효기간 시간대 밖의) 지금까지 확보된 가장 (절대값) 큰 연관-계수를 갖고 평균값의 오차가 정해진 변수화가 가능한 값 미만인 표준분포도가 선택된다(비교 [그림 C-10]).

선택된 분포도는 지금까지 이 날에 발생한 측정값의 평균값에 (선택된 교통분포도의 해당 포인트의 평균값에 대한 관계) 대하여 조정(scaling)된다.

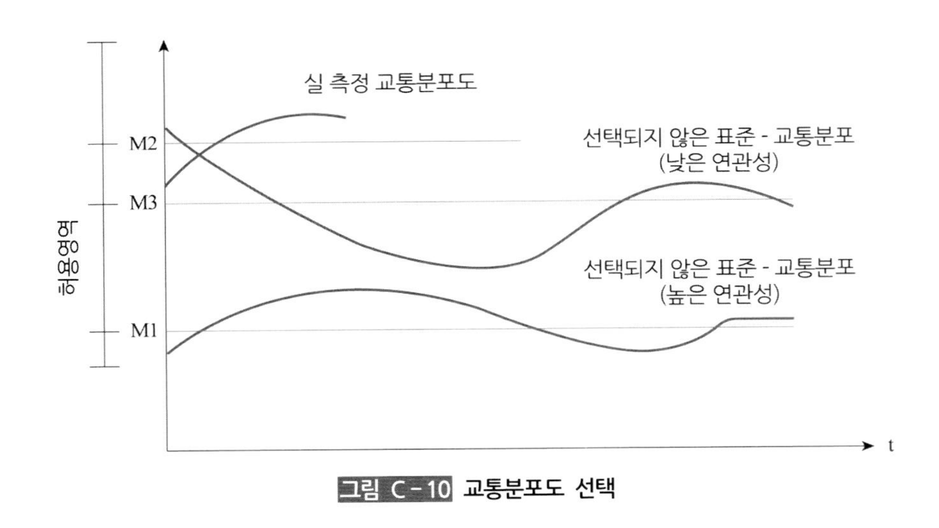

그림 C-10 교통분포도 선택

측정단면과 일에 대해서 이벤트 달력에 결과가 있을 경우 선택된 표준분포도에 해당되는 상대적인 결과 교통분포도가 더해진다("교통분포도 처리" 참고).

운행시간 산출

모든 도로구간에 대하여 예측 시간대에 대한 예측 교통량이 산출된다(일반적인 경우 교통분포도 예측, 비교 4.22, 정체예측 기법에 대한 확인된 장애 또는 공사).

교통량과 실 용량에 상응하는 속도는 도로구간과 환경조건에 적합한 교통기초도(Q-V 다이어그램)로 산출되고 운행속도로서 정의된다(비교. [그림 C-11]). 이와 도로연장으로부터

이 도로구간에 대한 해당되는 운행시간이 계산된다.

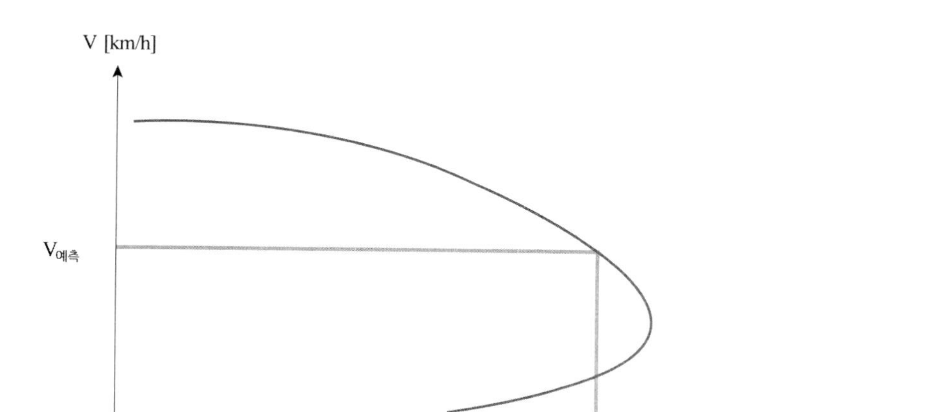

그림 C-11 예측속도 결정

구간 영역 내 장애가 없을 경우 교통기초도의 안정된 교통상태 영역에 유효한 속도가 고려된다(즉, Q예측에 찾아진 속도값에 가장 큰). 도로구간에 정체대상이 존재할 경우 정체대상 길이에 대하여 이 정체대상에 대하여 산출된 운행시간이 계산된다. 도로구간의 나머지 영역에 대하여는 교통기초도의 속도값이 고려된다(안정 교통상태).

다음 도로구간 하류부에서 동일한 계산이, 이전에 계산된 운행시간이 장래로 적용되어, 반복된다. 교통량으로서 해당 주기의 적절히 가중치된 평균값의 도착시간이 이용된다.

예측은 고정 주기(예 5분) 내에 다양한 시작점에 대하여 (결정 시점으로부터 시작하여)

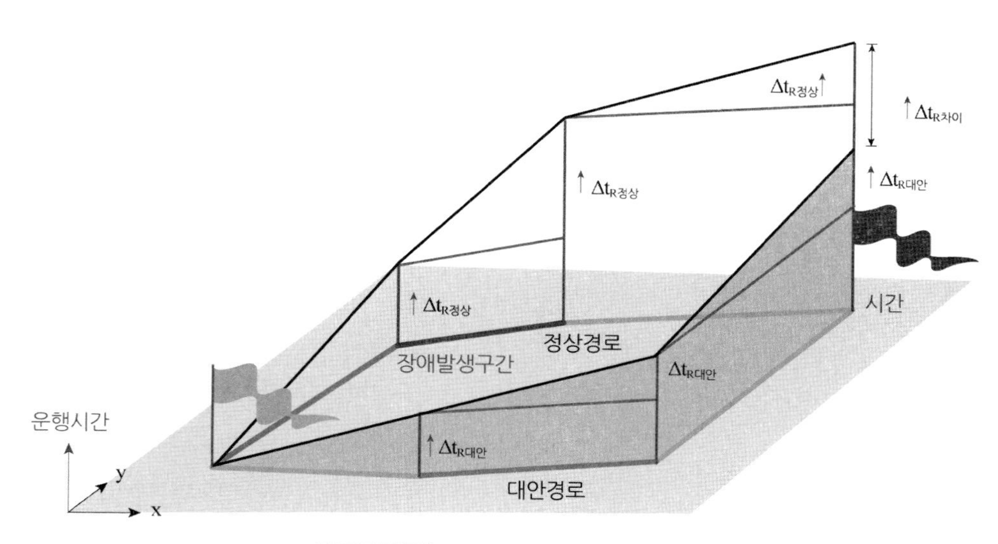

그림 C-12 시공간도상 운행시간 산출

예측시간대의 종료 시점까지 반복된다.

추가적인 Decision point를 포함하는 교통망이 계산될 경우 Decision point으로부터 시작하여 소속된 교통망의 종점까지 (도착시점에 해당하는 주기에 대하여) 산출된 작동이 적용된다.

용량 초과로 인한 예측되는 장애에 대한 예측교통량의 가능한 처리에 대하여 (즉, 예측교통량이 해당 도로구간의 용량보다 클 경우) 두 개의 기법이 적용 가능하다.

- 교통량에 무관하게 정체가 발생하지 않은 것으로 가정한다. 예측된 교통량이 교통기초도에서 산출된 Q-값 $Q_{최대}$(즉, 도로구간 용량)의 가장 높은 값보다 더 위에 있을 경우 운행시간 산출을 위하여 다음의 속도 $V_{예측}$이 적용된다.

c는 변수화 가능해야 함

(초기 설정: c = 1분).

- 용량 초과일 경우, 즉 $Q_{예측} > d^{*}Q_{최대}$, 이때 d는 변수화되어야 하며(초기설정: d = 1,20) 돌발이 정의되고 정체예측 기법에 따라 장래에 지속된다.

두 개 알고리즘 중 어떤 것이 적용되는지 그리고 실제 작동되는 부분 경로와 대안 부분경로와 다양한 Decision point에 대하여 다양하게 되어야 하는지는 변수화가 되어야만 한다(하류부에 위치한 도로구간에 대한 산출).

D. 단순 교통망제어모델

다음에는 모든 계산주기(작동될 경우)마다 수행되어야 하는 단순 교통망 제어모델에 투입되는(운영자로부터 활성화되고 종료되는) 알고리즘이 설명된다.

알고리즘 1(속도)

만일 $(V_{예측,\ 차량} < V_{차량})$과

$(V_{예측,\ 차량} < V_{차량,\ 단계\ 1,\ 작동})$과

$(V_{예측,\ 승용차} - V_{예측,\ 화물차}) < V_{차이,\ 단계\ 1,\ 작동})$과

$(Q_{예측,\ 차량} < QG_{,단계\ 1,\ 작동})$

이면 단계 1로 활성화된다.

만일 $V_{예측,\ 차량} < V_{차량}$과

$V_{예측,\ 차량} < V_{차량,\ 단계\ 1,\ 종료}$

이면 단계 1은 종료된다.

(단계 2에서 n은 n 작동단계(최소 4)로 구성되는 다른 변수와 유사하게)

알고리즘 2(점유):

만일 $O_{차로\ 1} > O_{단계\ 1,\ 작동}$과

$v_{차로1,\ 차량} < V_{설계교통,\ 단계\ 1,\ 작동}$

이면 단계 1로 활성화된다.

만일 $O_{차로\ 1} < O_{단계\ 1,\ 종료}$과

$v_{예측,\ 차량} < V_{설계교통,\ 단계\ 1,\ 종료}$

이면 단계 1은 종료된다.

(단계 2에서 n은 n 작동단계(최소 4)로 구성되는 다른 변수와 유사하게)

알고리즘 3(설계교통량)

만일 $Q_{예측,\ 설계} > Q_{설계,\ 단계\ 1,\ 작동}$과

이면 단계 1로 활성화된다.

만일 $Q_{예측,\ 설계} < Q_{설계,\ 단계\ 1,\ 종료}$

이면 단계 1은 종료된다.

(단계 2에서 n은 n 작동단계(최소 4)로 구성되는 다른 변수와 유사하게)

알고리즘 4(차량 – 교통량)

만일 $Q_{예측,차량} > Q_{차량,\ 단계\ 1,\ 작동}$과

이면 단계 1로 활성화된다.

만일 $Q_{예측,차량} < Q_{차량,\ 단계\ 1,\ 종료}$과

이면 단계 1은 종료된다.

(단계 2에서 n은 n 작동단계(최소 4)로 구성되는 다른 변수와 유사하게)

알고리즘 5(실제 운행시간)

이 알고리즘은 정상경로에 대한 실제 운행시간(예측이 안 된)과 (도로구간 $i = 1$에서 N까

지) 대안경로 상(도로구간 j = 1에서 N까지) 운행시간의 비교에 기반한다.

$t_{운행시간} = L(A)/V(A)$

여기서

L(A) 구간 A의 연장

V(A) 선택적으로 (운영자로부터 변수화 가능한) 실 측정 지점속도 V차량 또는 구간별 속도 V예측 중에서 선택되는 구간 A의 속도

만일 $\sum_{i=1}^{i=N} t_{운행}(i) > b_{on} \cdot \sum_{i=1}^{j=A} t_{운행}(j)$

이면 단계 1이 활성화된다.

만일 $\sum_{i=1}^{i=N} t_{운행}(i) < b_{off} \cdot \sum_{i=1}^{j=A} t_{운행}(j)$

이면 단계 1이 종료된다.

(단계 2는 n까지 다른 변수와 함께 동일)

알고리즘 6(정체상황, 연장 기준)

이 알고리즘은 측정단면에서부터가 아니라 정상경로 N와 이에 속한 대안경로 Ak 상태로부터 시작된다.

만일 $\sum_{i=1}^{i=nN} SL(i,\ N) > \sum_{i=1}^{i=nAk} SL(i,\ A_k) + L_{k1,\ on})$ and

$\sum_{i=1}^{i=nAk} SL(i,\ A_k) > SLmax_{k1,\ on}$

이면 단계 1이 활성화된다.

만일 $\sum_{i=1}^{i=nN} SL(i,\ N) < \sum_{i=1}^{i=nAk} SL(i,\ A_k) + L_{k1,\ off})$ and

$\sum_{i=1}^{i=nAk} SL(i,\ A_k) < SLmax_{k1,\ off}$

이면 단계 1이 종료된다.

지표의 의미

SL(i,N) 경로 N의 i-번째 정체대상의 정체길이

SL(i, Ak) 경로 Ak의 i-번째 정체대상의 정체길이

k 대안경로 k의 정체대상수

nN 정상경로 상 정체대상수

SLmaxk1, 작동 단계 1 경로 k의 최대 정체길이 변수

SLmaxk1, 종료 단계 1 경로 k의 최대 정체길이 변수

Lk1, 작동 단계 1 경로 k의 변수

Lk1, 종료 단계 1 경로 k의 변수

(단계 k2는 kn까지 다른 변수와 함께 동일)

알고리즘 7(정체상황, 구간 기준)

이 알고리즘은 도로구간(A1에서 An까지 또는 B1에서 Bm까지)의 특정 조합에 대한 정체상황(정체지수 SI = “정체”)의 비교에 기반한다.

만일

[SI(A1) = “정체” AND/OR SI(A2) = “정체” AND/OR … AND/OR SI(An) = “정체”]

AND/OR

[SI(B1) =/ “정체” AND/OR SI(B2) =/ “정체” AND/OR … AND/OR SI(Bm) =/ “정체”]

그러면 단계 1이 활성화된다. 이 조건이 더 이상 만족되지 않으면 단계 1이 종료된다(n까지 단계 2는 다른 논리적 연계와 함께 동일).

개별 연계는 각각 “AND”와 “OR” 사이에서 선택될 수 있어야만 한다(구성 가능). 이때 “AND”가 “OR”에 우선함을 유의한다. 한 구간에 대하여 정체 상태가 “산출 불가능”일 경

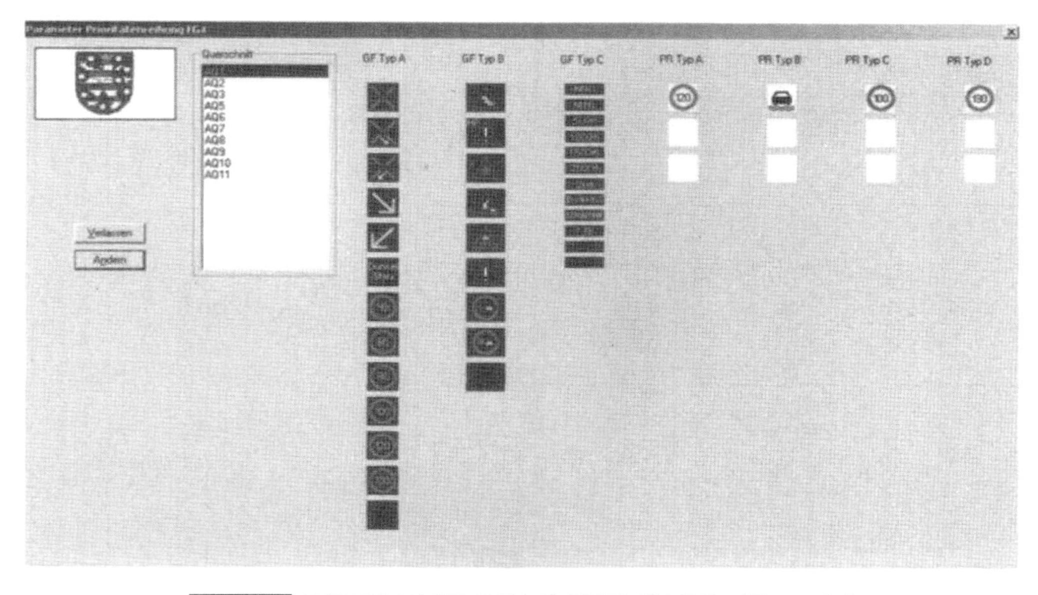

그림 D-1 가변교통표지판의 우선수위 선정의 변수화를 위한 UI 예시

우 이 요소는 질의에서 배제된다.

모든 알고리즘은 다양한 변수 셋을 갖는 임의적인 많은 요소들로 운영될 수 있다. 새로운 요소의 생성은 (변수 셋을 통하여 정의된 대상) 운영자에 의하여 계속되는 운영에서 수행될 수 있어야 한다(변수화).

E. 작동 이미지 산출

표 E-1 우선순위 선정 예시

	VMS "A"		VMS "B"		VMS "C"		Prismen Roller		LED	
	StVO-Z	설명	StVO-Z	설명	StVO-Z	설명	StVO-Z	설명	StVO-Z	설명
높음		Off, Dark		Off, dark		Off, dark		Prisma Page 1		RED
		red cross	101	주의, 정체 내		착오운전		Prisma Page 2		YELLOW
		Yellow Arrow n, right	124	정체		사고		Prisma Page 3		
		Yellow Arrow n, left	101	주의, 가시거리		정체	275	속도제한 110		
		Green Arrow n, under	101	주의, 자동-/수동		정체위험	275	속도제한 130		
		Basic. red cross	123	공사	1006-30	기름 유출				
		Basic. Yellow Arrow right	113	결빙		결빙				
		Basic. Yellow Arrow left	276	전면 추월금지		가시거리				
		Basic. Green Arrow under	277	화물차 추월금지		안개				
		V off, dark	114	전복위험		습윤				
	253	화물차	282	모든						

	VMS "A"		VMS "B"		VMS "C"		Prismen Roller		LED	
	StVO-Z	설명	StVO-Z	설명	StVO-Z	설명	StVO-Z	설명	StVO-Z	설명
우선순위		운행금지		운행금지 종료						
	274-54	속도 40	280	모든 추월금지 종료	1006-32	낙하물				
	274-56	속도 60	281	화물차 추월금지 종료		경운기				
	274-58	속도 80		비영향, dark	1001	500 m 대상				
	274-60	속도 100			1004	500 m 이내				
	274-62	속도 120			1001	1000 m 대상				
	274-63	속도 130			1004	1000 m 이내				
	278-63	종료 130			1001	1500 m 대상				
	278-62	종료 120			1004	1500 m 이내				
	278-60	종료 100			1001	2000 m 대상				
	278-58	종료 80			1004	2000 m 이내				
	278-56	종료 60			1001	2500 m 대상				
	278-54	종료 40			1004	2500 m 이내				
		비영향, dark			1001	3000 m 대상				
					1004	3000 m 이내				
					1001	4000 m 대상				
					1004	4000 m 이내				
					1001	5000 m 대상				
					1004	5000 m				

	VMS "A"		VMS "B"		VMS "C"		Prismen Roller		LED	
	StVO-Z	설명	StVO-Z	설명	StVO-Z	설명	StVO-Z	설명	StVO-Z	설명
낮음						이내				
						방음				
						오존				
					1052-35	4t				
					1052-35	7,5t				
						비영향, dark				

찾아보기

ㄱ

ㄷ

ㄹ

ㅁ

ㅂ

ㅅ

ㅇ

교통제어론

2015년 12월 25일 제1판 1쇄 인쇄
2015년 12월 30일 제1판 1쇄 펴냄

지은이 FGSV
옮긴이 이선하
펴낸이 류원식
펴낸곳 청문각 출판

주소 (10881) 경기도 파주시 문발로 116(문발동 536-2)
전화 1644-0965(대표)
팩스 070-8650-0965
등록 2015. 01. 08. 제406-2015-000005호
홈페이지 www.cmgpg.co.kr
E-mail cmg@cmgpg.co.kr
ISBN 978-89-6364-248-2 (93530)
값 17,000원